宇宙建築

I 宇宙観光，木星の月

はじめに

タレントのビートたけしさんは昭和の名司会者大橋巨泉さんが亡くなられたとき、「テレビの一番いい時代を生きたタレントだった」と言われました。加えて「野球で言うと王、長嶋の時代のようないい時代でもあった」とも語っています。
インターネット創世記には楽天の三木谷氏や、ソフトバンクの孫正義氏が、まさに何も無いみかん箱の上から時代の寵児にまでのぼりつめました。今となってはインターネット業界で彼らにこれから追いつき肩を並べることは到底難しいようにも思われますが、ネット創世記にそれ相応の策で道を切り開くことができたのであれば、場合によっては彼らでなく他の人が同様な道を歩いていくことも夢ではなかったとも思われます。言わばその業界のトップの層がスタート地点に極めて近い時代であったとも言えます。
このような視点でこの先15年の社会的な流れを俯瞰的に見回したときに、テレビ創世記、日本野球創世記、ネット創世記のような勢いや、可能性のある業界は、間違いなく民間企業の参入が一気に始まった宇宙開発の分野と言えます。
米国のGoogleを初めとするIT業界を源とする莫大な資金は、今、想像を超える勢いで宇宙開発に流れ始めています。日本では、堀江さんがロケットの開発に力を注いでいたり、auが月面探査車のHAKUTOプロジェクトに協力を始めたりしてはいますが、まだまだこれから始まる民間宇宙開発の大きな流れの序章に過ぎず、今後、多くのベンチャービジネスが生まれてくると思われます。
この書籍では、今後20年の最もエキサイティングな民間宇宙開発の創世記に、その時代のど真ん中でのできごとを記録するアーカイブとしてどうしても残しておきたいものを掲載しています。今この書籍を何らかの巡り会わせで手に取られた読者の中から、必ずや、未来の巨泉、王、三木谷氏が生まれることとなるでしょう。
さぁ、皆さん、未来の宇宙を切り開く願っても無い時代の始まりです。

東海大学工学部建築学科准教授　十亀昭人

目次

第1回

宇宙建築賞　入賞作品

1st SPACE ARCHITECTURAL AWARD

第１回　宇宙建築賞

課題　～宇宙観光～

約４０億年前、海の中で生まれた生命はやがて過酷な地上へとその活動領域を拡大し、今やその領域を宇宙空間へと広げようとしています。近年、米国では宇宙観光に関するビジネスが盛んになり、日本でも宇宙旅行への申し込みが始まっています。私たちは、遠い祖先からのＤＮＡに刻み込まれた活動領域の拡大というテーマを今まさに実現させようとしているのです。

この課題では、現在盛んになってきた宇宙旅行ビジネスに関わる「宇宙観光施設の設計」を行って頂きます。地球周回軌道上の宇宙ホテル、月面の滞在施設、あるいは地上の宇宙港など・・・、その建設場所は各自で設定してかまいません。あなたの必要と思う宇宙観光に関わる様々な施設の斬新なアイデアを期待します。

募集期間：　平成２６年１０月２３日～平成２６年１０月３０日（必着）
参加資格：　不問。
設計条件：　人類の未来にとって有益な宇宙観光施設を設計する。
敷地条件：　軌道上、月面、火星など、各自で任意に設定可とする。
要求図面：　Ａ１用紙１枚に設計趣旨、平面、立面、断面図、パース（模型写真、３次元ＣＧなど）をレイアウトする（パネル化はしないこと）。縮尺は自由とする。Ａ１用紙の裏に、①住所、②氏名、③年齢、④所属、⑤電話番号、⑥メールアドレスを明記すること。　（＊審査後必要に応じてデータ（ＰＤＦなど）を頂く場合があります）
発　　表：　平成２６年１２月下旬頃、入賞者本人に直接連絡するとともに、下記ホームページにて公開する。
http://homepage3.nifty.com/arch2003/sa2014.html
審査委員：　難波和彦　（建築家／東京大学名誉教授）／　審査委員長
大貫美鈴　（スペースフロンティアファンデーション・アジアリエゾン代表）
十亀昭人　（東海大学工学部建築学科准教授）
高柳雄一　（多摩六都科学館館長／元NHK解説委員）
寺薗淳也　（会津大学先端情報科学研究センター准教授）
特別協力：　山崎直子　（宇宙飛行士）
表　　彰：　最優秀賞－１名（賞状、賞金１０万円）、入賞－若干名（賞状、記念品）
提出宛先：　〒259－1292　神奈川県平塚市北金目４－１－１　東海大学工学部建築学科 十亀研究室 内
主　　催：　宇宙建築の会
そ の 他：　各種発表、展示に関する権利は主催者が保有します。また、募集要項に記載された事項以外について取り決める必要が生じた場合、主催者の判断により決定します。

第1回宇宙建築賞総評

難波和彦
（建築家／東京大学名誉教授）

建築のコンペには、実現した建築のコンペからアイデア・コンペまで、さまざまな種類があります。そこでは、最低限の条件として、ある程度の実現可能性が要求されます。しかしながら「宇宙建築賞」は、通常の建築コンペとは異なり、当面のリアリティよりも先見的なアイデアが優先されるコンペです。テーマは「宇宙観光」ですが、近未来に実現される見通しがあるとはいえ、依然として解決すべき技術的課題が数多く残されています。このコンペでは、そのような目前の課題の解決策を求めているわけではありません。むしろ、宇宙観光の実現性が見えてきた現在、さらにその先にめざすべき目標のアイデアを求めているといってよいでしょう。

建築のコンペに比べると、審査員の専門分野は多岐に渡っています。実現性に関する知識や将来を見通す時間のスパンに関するとらえ方も、審査員によって大きく異なります。したがって応募作品に対する見方も多種多様で、審査の基準や評価の仕方も大きく変わります。このため、最初の投票では、評価がかなり分散しました。そのような状況からスタートし、選ばれた作品ひとつひとつについて議論をくり返しました。見慣れたアイデアや、リアリティの感じられないアイデアは外されましたが、リアリティは低くても夢のあるアイデアは残されました。プレゼンテーションの効果も重要な条件となりました。そのような緊密な議論を通して、審査員の意見は少しずつ収斂し、最終評価はアイデアとリアリティとのバランスによって決まりました。とはいえ、入選作の相互の差はほんのわずかで、見方を変えれば、順位は直ちに変わるでしょう。

第一回目のコンペなので応募者と審査会が共有する地盤がまだはっきりと定まっていません。コンペの意義を社会に周知するには、何よりもコンペを持続することが大切だと考えています。

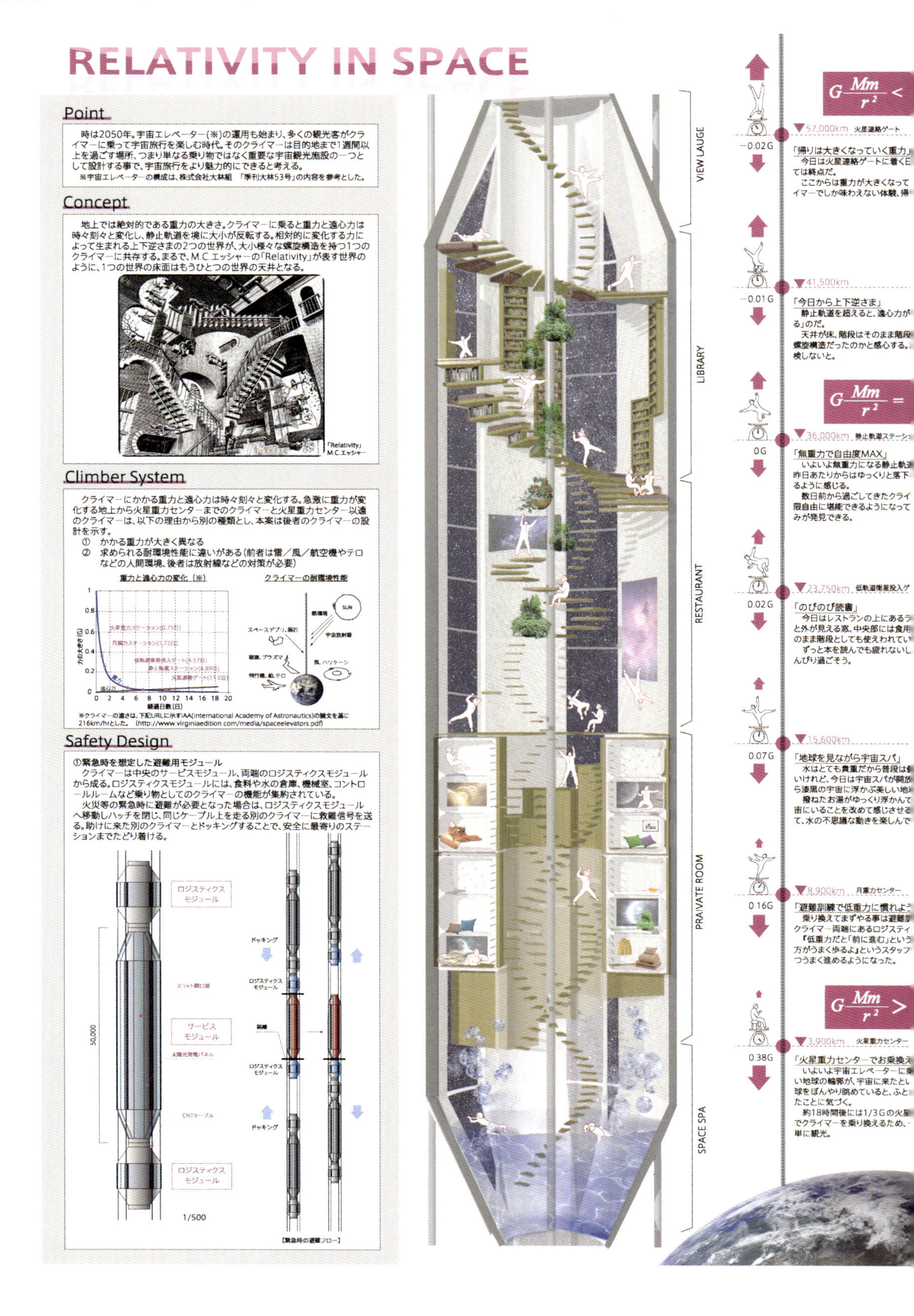
RELATIVITY IN SPACE

Point
時は2050年。宇宙エレベーター(※)の運用も始まり、多くの観光客がクライマーに乗って宇宙旅行を楽しむ時代。そのクライマーは目的地まで1週間以上を過ごす場所、つまり単なる乗り物ではなく重要な宇宙観光施設の一つとして設計する事で、宇宙旅行をより魅力的にできると考える。
※宇宙エレベーターの構成は、株式会社大林組 「季刊大林53号」の内容を参考とした。

Concept
地上では絶対的である重力の大きさ。クライマーに乗ると重力と遠心力は時々刻々と変化し、静止軌道を境に大小が反転する。相対的に変化する力によって生まれる上下逆さまの2つの世界が、大小様々な螺旋構造を持つ1つのクライマーに共存する。まるで、M.C.エッシャーの「Relativity」が表す世界のように、1つの世界の床面はもうひとつの世界の天井となる。
「Relativity」
M.C.エッシャー

Climber System
クライマーにかかる重力と遠心力は時々刻々と変化する。急激に重力が変化する地上から火星重力センターまでのクライマーと火星重力センター以遠のクライマーは、以下の理由から別の種類とし、本案は後者のクライマーの設計を示す。
① かかる重力が大きく異なる
② 求められる耐環境性能に違いがある(前者は雷/風/航空機やテロなどの人間環境、後者は放射線などの対策が必要)
重力と遠心力の変化（※）
力の大きさ(G)
経過日数(日)
火星重力ステーション(0.75日)
月重力ステーション(1.72日)
低軌道衛星投入ゲート(4.57日)
静止軌道ステーション(6.89日)
火星連絡ゲート(11.0日)
重力
遠心力
クライマーの耐環境性能
SUN
熱環境
スペースデブリ、隕石
宇宙放射線
雷雲、プラズマ
風、ハリケーン
飛行機、船、テロ
※クライマーの速さは、下記URLに示すIAA(International Academy of Astronautics)の論文を基に216km/hrとした。 (http://www.virginiaedition.com/media/spaceelevators.pdf)

Safety Design
①緊急時を想定した避難用モジュール
クライマーは中央のサービスモジュール、両端のロジスティクスモジュールから成る。ロジスティクスモジュールには、食料や水の倉庫、機械室、コントロールルームなど乗り物としてのクライマーの機能が集約されている。
火災等の緊急時に避難が必要となった場合は、ロジスティクスモジュールへ移動しハッチを閉じ、同じケーブル上を走る別のクライマーに救難信号を送る。助けに来た別のクライマーとドッキングすることで、安全に最寄りのステーションまでたどり着ける。
ロジスティクスモジュール
スリット開口部
サービスモジュール
太陽光発電パネル
CNTケーブル
ロジスティクスモジュール
50,000
1/500
ドッキング
ロジスティクスモジュール
隔離
ロジスティクスモジュール
ドッキング
【緊急時の避難フロー】

VIEW LAUGE
LIBRARY
RESTAURANT
PRAIVATE ROOM
SPACE SPA

$G\frac{Mm}{r^2} <$
57,000km 火星連絡ゲート
−0.02G
「帰りは大きくなっていく重力」
今日は火星連絡ゲートに着く
ては終点だ。
ここからは重力が大きくなって
イマーでしか味わえない体験、帰
41,500km
−0.01G
「今日から上下逆さま」
静止軌道を超えると、遠心力が
る」のだ。
天井が床、階段はそのまま階段
螺旋構造だったのかと感心する。
検しないと。
$G\frac{Mm}{r^2} =$
36,000km 静止軌道ステーシ
0G
「無重力で自由度MAX」
いよいよ無重力になる静止軌
昨日あたりからはゆっくりと落下
るように感じる。
数日前から過ごしてきたクライ
限自由に堪能できるようになって
みが発見できる。
23,750km 低軌道衛星投入ゲ
0.02G
「のびのび読書」
今日はレストランの上にある
と外が見える窓、中央部には食用
のまま階段としても使えわれてい
ずっと本を読んでも疲れないし
んびり過ごそう。
15,600km
0.07G
「地球を見ながら宇宙スパ」
水はとても貴重だから普段は
いけれど、今日は宇宙スパが開放
ら漆黒の宇宙に浮かぶ美しい地
撥ねたお湯がゆっくり浮かんで
宙にいることを改めて感じさせる
て、水の不思議な動きを楽しんで
8,900km 月重力センター
0.16G
「避難訓練で低重力に慣れよう
乗り換えてまずやる事は避難
クライマー両端にあるロジスティ
『低重力だと「前に進む」という
方がうまく歩るよ』というスタッフ
つうまく進めるようになった。
$G\frac{Mm}{r^2} >$
3,900km 火星重力センター
0.38G
「火星重力センターでお乗換え
いよいよ宇宙エレベーターに
い地球の輪郭が、宇宙に来たとい
球をぼんやり眺めていると、ふと
たことに気づく。
約18時間後には1/3Gの火星
でクライマーを乗り換えるため、
単に観光。

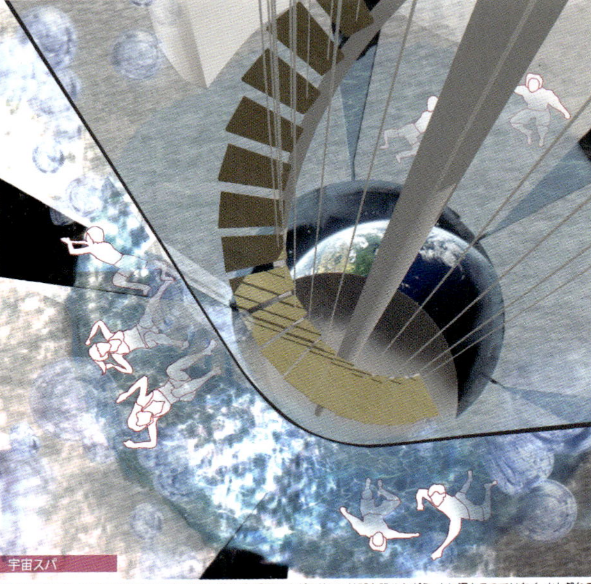

低重力において、水は表面張力で丸まり、空間に浮かぶ。眼下に広がる美しい地球を眺めながら、水に浸かるのではなく、水と戯れるという宇宙ならではの体験ができる。

中心部の大きな螺旋階段に食卓が3次元的に広がる。動線と機能が緩やかにつながる。

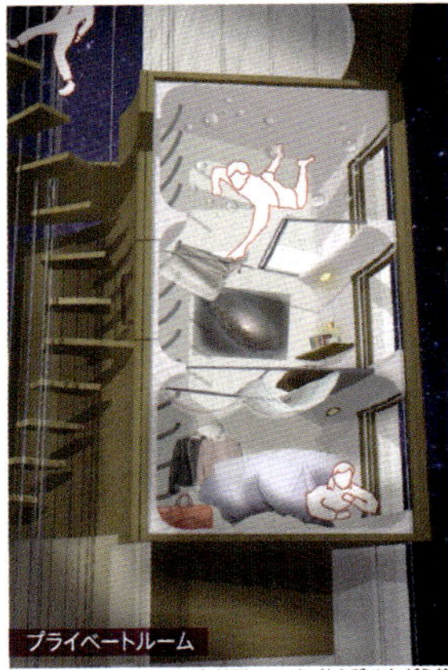

横向きのシャワールーム、収納型のベッド、外を眺めながら静かに時を過ごせるデスクが、繭のような柔らかい素材に囲まれている。

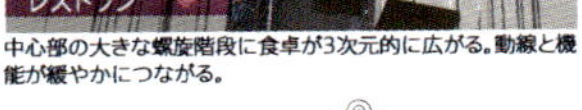

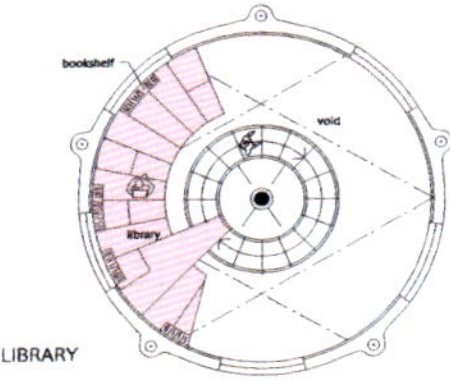

LIBRARY

RESTAURANT

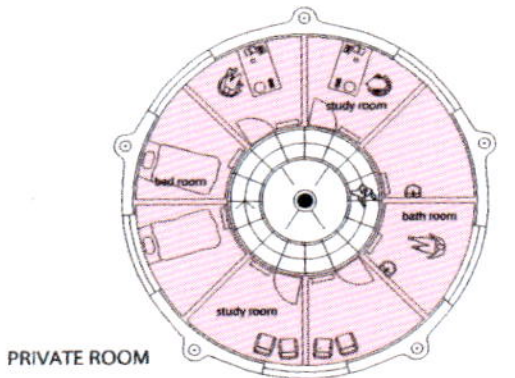

PRIVATE ROOM

SPACE SPA

1/150

Safety Design

②宇宙エレベーターのケーブル

ISSの故障許容設計に倣い、ケーブルが2本故障(破断)しても安全に走行できるようにする(2故障許容)。ケーブルは最低3本あれば良いのだが、2故障後に残りのケーブルが形成する多角形がクライマーの重心を内包する事で、余計なモーメントが発生せず、要求される強度が小さくて済むため、中心+正5角形の頂点にケーブルを設けることとした。

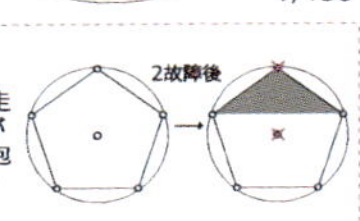

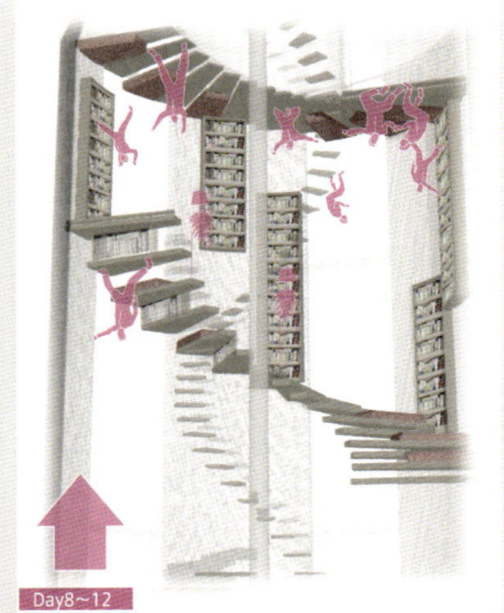

遠心力が重力を上回ると、空間の使い方が上下反転する。螺旋状のデザインが、上下反転後も有効に使える空間を実現している。

遠心力と重力が釣り合う静止軌道では、空間の中を泳ぐように、隅々まで自由に使うことができる。

旅程が進むにつれ重力が小さくなり、一歩の幅、高さが大きくなる。階段の蹴上げ高さ、本棚の高さも低重力に応じた高さとして展開されており、伸びやかな空間になっている。

RELATIVITY IN SPACE

Point

時は2050年。宇宙エレベーター(※)の運用も始まり、多くの観光客がクライマーに乗って宇宙旅行を楽しむ時代。そのクライマーは目的地まで1週間以上を過ごす場所、つまり単なる乗り物ではなく重要な宇宙観光施設の一つとして設計する事で、宇宙旅行をより魅力的にできると考える。

※宇宙エレベーターの構成は、株式会社大林組 「季刊大林53号」の内容を参考とした。

Concept

地上では絶対的である重力の大きさ。クライマーに乗ると重力と遠心力は時々刻々と変化し、静止軌道を境に大小が反転する。相対的に変化する力によって生まれる上下逆さまの2つの世界が、大小様々な螺旋構造を持つ1つのクライマーに共存する。まるで、M.C.エッシャーの「Relativity」が表す世界のように、1つの世界の床面はもうひとつの世界の天井となる。

「Relativity」
M.C.エッシャー

Climber System

クライマーにかかる重力と遠心力は時々刻々と変化する。急激に重力が変化する地上から火星重力センターまでのクライマーと火星重力センター以遠のクライマーは、以下の理由から別の種類とし、本案は後者のクライマーの設計を示す。

RELATIVITY IN SPACE　講評

後藤礼美　星川力　小林玲子
善野浩一　菱田哲也　山田英恵

この作品を拝見したとき、寝台車に乗る前のワクワク感と同じような思いを持ちました。あの場所であんなことをしよう、来週、あの重力空間へたどりついたらこっそりあんな遊び方をしてみようなど、そんな思いが心を巡ります。宇宙エレベーターという単なる機械の装置が、観光のための建築空間へと昇華し、見る人のこころに訴えかけてくるようです。また、五角形のケーブル配置、ロジスティクスモジュールの設置などの提案は、実利用時にどのような状況が発生するのかを、現在考えうる想像力を駆使して正面から向き合おうとしているところにも好感が持てました。未来の研究者・開発者の方に是非見てもらいたいと思える作品です。

宇宙エレベーターは多くの場合、移動手段と捉えられがちであるが、本作品は遊び心に溢れており、一つの観光施設として考えられている。まず目に飛び込んでくるのは、大量の水を用いるスパである。宇宙環境において非常に貴重な水を、エンターテイメントに用いようとする計画は非常に面白い。その他にも、展望室、図書室、レストラン、プライベートルームなどの設備が備え付けられているため、快適な宇宙旅行を提供してくれるだろう。

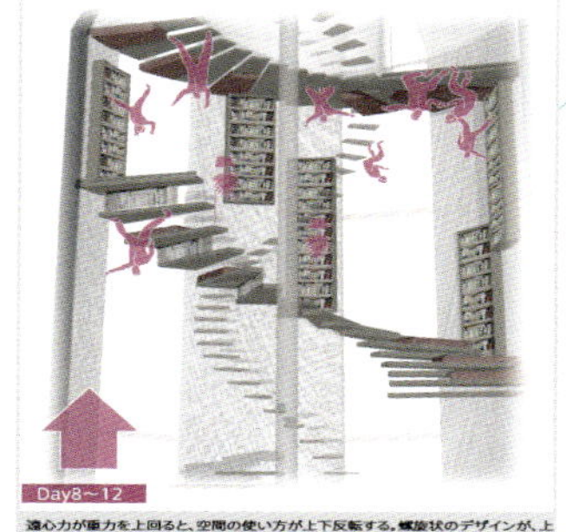

Day8～12
遠心力が重力を上回ると、空間の使い方が上下反転する。螺旋状のデザインが、上下反転後も有効に使える空間を実現している。

この施設は、時に床が天井に、天井が床になる設計をしている。
地球を出発したクライマーは「大気圏→静止軌道→火星連絡ゲート」と高度が上がるにつれて、重力の影響が「有→無→マイナス」と変化するため、上下が逆転しながら移動していく。この変化は、地上の建築と同じくの床と天井が固定された設計だと対応することが難しい。本作品ではエンターテイメントとしても利用できるように、3次元的な利用を想定した設計をしている。

0 G
Day 7
遠心力と重力が釣り合う静止軌道では、空間の中を泳ぐように、隅々まで自由に使うことができる。

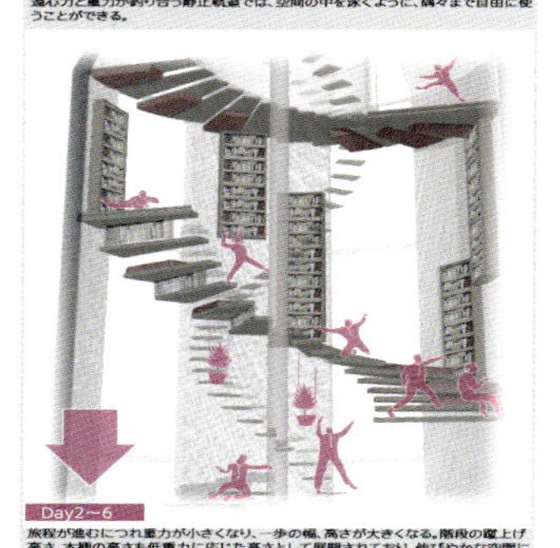

Day2～6
旅程が進むにつれ重力が小さくなり、一歩の幅、高さが大きくなる。階段の蹴上げ高さ、本棚の高さも低重力に応じた高さとして展開されており、伸びやかな空間になっている。

宇宙空間では、さまざまな危険がつきまとっており、デブリ、隕石、火災などが危険を及ぼした際には、避難が必要となる。その避難方法として提案されているのが、モジュールを切り離し分離する方法である。
また、エレベーターを支えるケーブルは5本あるため、そのうちの2本が壊れても安全に運用できるものとなっており、安全面への配慮がなされているといえるだろう。

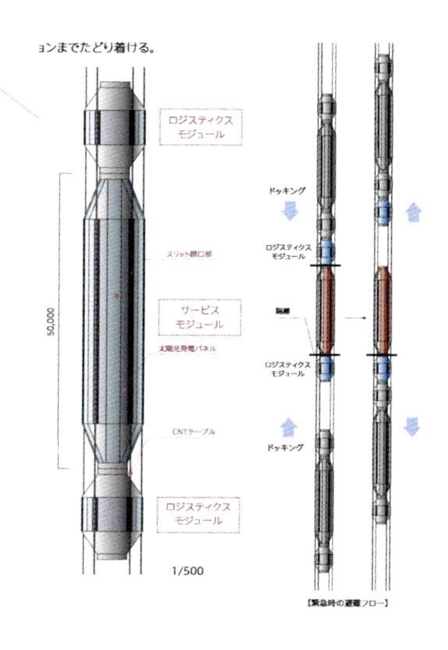

Space Oddity

Space Oddity

Ring Elevation B

Ring Elevation C

SECTION

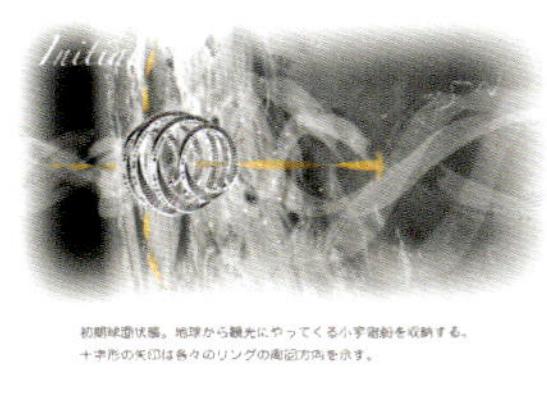

初期球面状態。地球から観光にやってくる小宇宙船を収納する。
十字形の矢印は各々のリングの周回方向を示す。

外側のリング（A,E→速）が解けて惑星周回観光を始める。
五線譜が広がっていくイメージ。

内側のリング（B,D→速）が解けて惑星周回観光を始める。
先に出発したリング（A,E→遅）は、惑星に「種子」を蒔き始める。
そして、「種子」を蒔くと同時に小宇宙船が地球へ帰還する。

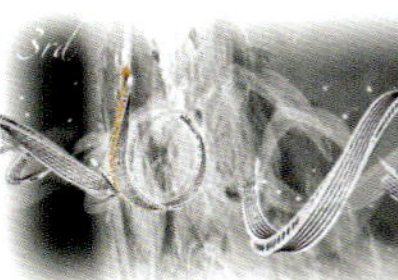

中心のリング（C→最速）が解けて惑星周回観光を始める。
先に出発したリング（B,D→速）は、惑星に「種子」を蒔
そして、「種子」を蒔くと同時に小宇宙船が地球へ帰還す

PLAN

仮想宇宙遊泳の体験・惑星の俯瞰鑑賞。「リング」自体が、回転捻れながら遊泳するので宇宙と地球のランドスケープを連続的・立体的に鑑賞できる。

「リング」の遊泳制御・リング内の施設管理、種船管理を行う、コントロールセンター等が設置されている。他にもリング内施設業務従事者（及びその家族）のための研究、教育、宿泊施設等を完備。

「リング」滞在者のための客室を設置している。

「リング」内施設利用者のための共有ゾーン。レストラン、ショップ等の商業施設を始め、フロアにつきでてくる二重構造の楕円形ドーム上部には、劇場やシアター、プラネタリウム等の集会施設を設置。

長旅によるストレスを解消するための運動遊戯エリア。立体的に捻れていくフロアには人工重力が設定されており、上下に回転しながら歩くことができる。
二重楕円ドームの下部にあたる空間は無重力アリーナ。無重力を生かした遊戯を楽しむための場所。「新たな」遊戯を生み出す、もしくは野球、サッカー、レース等の「既存」のスポーツや競技を３次元的に展開する試みをするのも面白い。

CONCE

地球の衛星軌道上に５本の巨大な「リング」を建設する。５つの「リング」には、客室を始め、余暇を楽しむための、様々な商業施設（飲食、買い物）、レジャー施設（スポーツ、競技）、展望フロア等が用意されている。
初めの内、この５つの「リング」は球面状にただ惑星の上で「自転」しているだけ。
「リング」は、地球からやってくる観光旅行者を乗せた小宇宙船を「ドック（Seedock）」に収納すると、リボンが解けるようにしてほつれて広がり、自らを捻り回転させながら、宇宙遊泳・惑星周回観光を始める。

デヴィッドボウイの作品に「Space Oddity」という曲がある。
回線のトラブルにより交信を断たれ、宇宙を永遠に彷徨うことになってしまい、目の前にある地球を眺めながら、地球管制塔に一方的なメッセージをを送り続ける宇宙飛行士の物語を綴った曲。

この５つの「リング」には、この「Space Oddity」がデザインされている。
数本の黒い線は「五線譜」、ドックに収納された数々の卵型の小宇宙線は「音符」を表す。それは「Space Oddity」のメロディーに沿って配列されている。
５本の「リング」は、地球を周回しながら「楽譜を広げる」ことで、この曲・メロディーで惑星を取り巻いていく。

一方で、ドックに収納された数々の小宇宙船は、惑星を周回（旅）しながら再び地上へと降下していく。それは惑星周回観光をすでに終え、旅を思う存分満喫した旅行者達が星へ帰っていく時でもある。

この小宇宙船は「種船」と呼ばれている。この「種船」には、多くの「種子」が積み込まれている。「種船」は、地上へと帰っていくと同時に、船内に積み込まれた「種子」を「世界」へとばら蒔いていく。
この巨大な「観光船」は、この世界全体に「種」を植え付けるための巨大な「装置」でもある（青い星が失った「緑」という色を取り戻すための「農耕機械」）

しかし、この観光船に積み込まれる「種子」とは、「植物の種」だけを意味しているのではなく、あくまで、地上に、世界に、何かを「芽吹かせる類のモノ」全般をさしている。
それは、どこかの国に配給される物資であったり、遠く離れた誰かに宛てたメッセージのような「情報＝思い」であったりと、様々な形をとって現れる。

我々が詰め込んだ「世界」への様々な、そしてその小さな「思い」は、宇宙を旅する人達によって、星を俯瞰で巡るこの巨大な「マリッジリング＝メッセンジャー」によって贈り届けられる。
それは、「我々の思い＝小惑星」と「世界＝大惑星」、歴史と未来を繋ぐ星々の壮大な「結婚式」である。

宇宙を漂いながら、永遠に会うことができない「妻＝地球」を思い続ける宇宙飛行士の物語は、この「Space Oddity」という曲、その一つ一つの「音符」に詰め込まれた「種子＝メッセージ＝子供達」によって地上へと解き放たれるだろう。

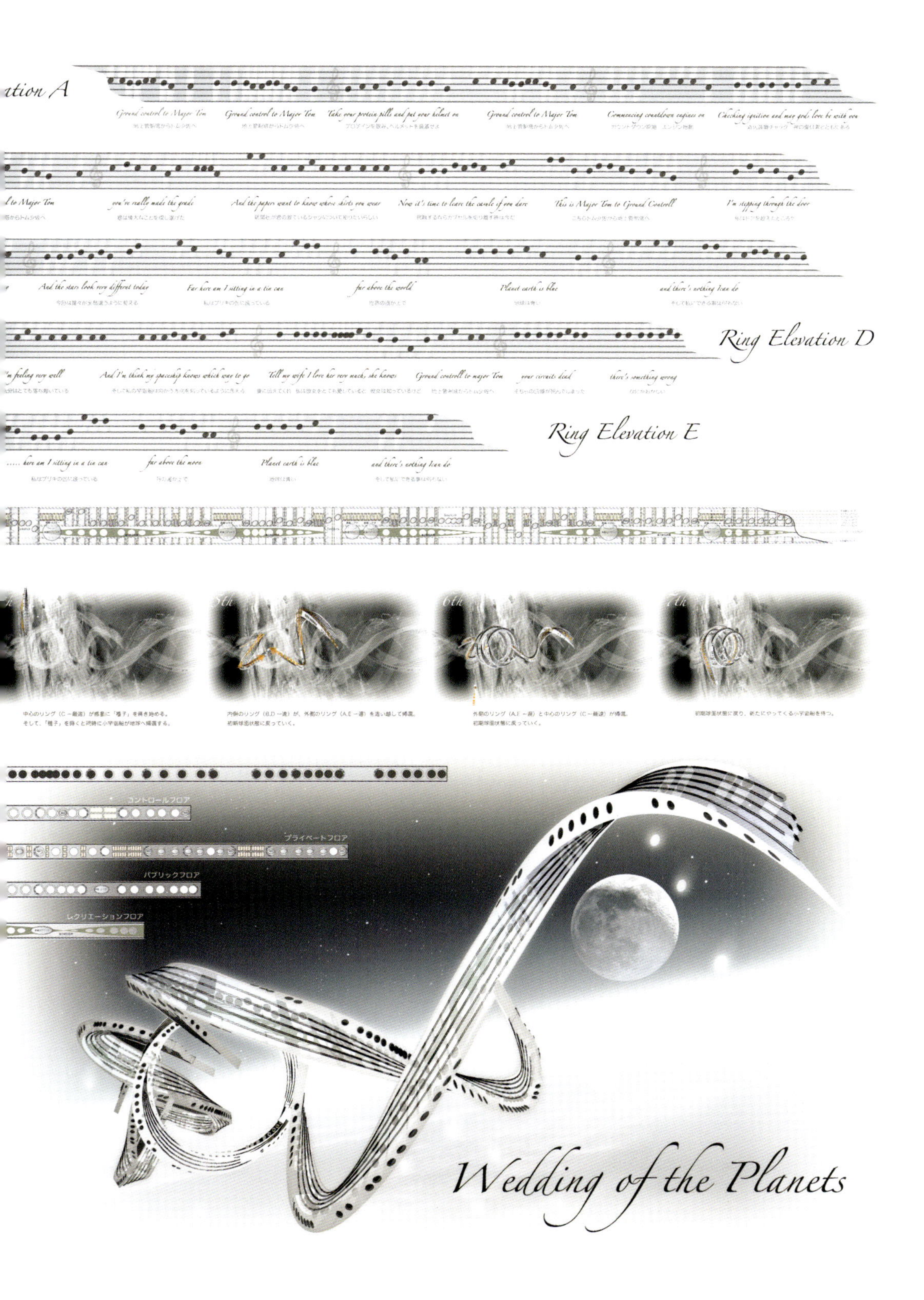

ation A
Ground control to Major Tom
Ground control to Major Tom
Take your protein pills and put your helmet on
Ground control to Major Tom
Commencing countdown engines on
Checking ignition and may god's love be with you
l to Major Tom
you've really made the grade
And the papers want to know whose shirts you wear
Now it's time to leave the capsule if you dare
This is Major Tom to Ground Controll
I'm stepping through the door
And the stars look very different today
Far here am I sitting in a tin can
far above the world
Planet earth is blue
and there's nothing I can do
'm feeling very well
And I'm think my spaceship knows which way to go
Tell my wife I love her very much, she knows
Ground controll to major Tom
your circuits dead
there's something wrong
Ring Elevation D
..... here am I sitting in a tin can
far above the moon
Planet earth is blue
and there's nothing I can do
Ring Elevation E
内側のリング（B,D－速）が、外側のリング（A,E－遅）を追い越して帰還。
初期球面状態に戻っていく。
外側のリング（A,E－遅）と中心のリング（C－最速）が帰還。
初期球面状態に戻っていく。
初期球面状態に戻り、新たにやってくる小宇宙船を待つ。
コントロールフロア
プライベートフロア
パブリックフロア
レクリエーションフロア
Wedding of the Planets

CONCEPT

地球の衛星軌道上に５本の巨大な「リング」を建設する。５つの「リング」には、客室を始め、余暇を楽しむための、様々な商業施設（飲食、買い物）、レジャー施設（スポーツ、競技）、展望フロア等が用意されている。
初めの内、この５つの「リング」は球面状にただ惑星の上で「自転」しているだけ。
「リング」は、地球からやってくる観光旅行者を乗せた小宇宙船を「ドック（Seedock）」に収納すると、リボンが解けるようにしてほつれて広がり、自らを捻り回転させながら、宇宙遊泳・惑星周回観光を始める。

デヴィッドボウイの作品に「Space Oddity」という曲がある。
回線のトラブルにより交信を断たれ、宇宙を永遠に彷徨うことになってしまい、目の前にある地球を眺めながら、地球管制塔に一方的なメッセージをを送り続ける宇宙飛行士の物語を綴った曲。

この５つの「リング」には、この「Space Oddity」がデザインされている。
数本の黒い線は「五線譜」、ドックに収納された数々の卵型の小宇宙線は「音符」を表す。それは「Space Oddity」のメロディーに沿って配列されている。
５本の「リング」は、地球を周回しながら「楽譜を広げる」ことで、この曲・メロディーで惑星を取り巻いていく。

一方で、ドックに収納された数々の小宇宙船は、惑星を周回（旅）しながら再び地上へと降下していく。それは惑星周回観光をすでに終え、旅を思う存分満喫した旅行者達が星へ帰っていく時でもある。

この小宇宙船は「種船」と呼ばれている。この「種船」には、多くの「種子」が積み込まれている。「種船」は、地上へと帰っていくと同時に、船内に積み込まれた「種子」を「世界」へとばら蒔いていく。
この巨大な「観光船」は、この世界全体に「種」を植え付けるための巨大な「装置」でもある（青い星が失った「緑」という色を取り戻すための「農耕機械」）

しかし、この観光船に積み込まれる「種子」とは、「植物の種」だけを意味しているのではなく、あくまで、地上に、世界に、何かを「芽吹かせる類のモノ」全般をさしている。
それは、どこかの国に配給される物資であったり、遠く離れた誰かに宛てたメッセージのような「情報＝思い」であったりと、様々な形をとって現れる。

我々が詰め込んだ「世界」への様々な、そしてその小さな「思い」は、宇宙を旅する人達によって、星を俯瞰で巡るこの巨大な「マリッジリング＝メッセンジャー」によって贈り届けられる。
それは、「我々の思い＝小惑星」と「世界＝大惑星」、歴史と未来を繋ぐ星々の壮大な「結婚式」である。

宇宙を漂いながら、永遠に会うことができない「妻＝地球」を思い続ける宇宙飛行士の物語は、この「Space Oddity」という曲、その一つ一つの「音符」に詰め込まれた「種子＝メッセージ＝子供達」によって地上へと解き放たれるだろう。

Space Oddity

講評

加藤俊昌

第１回目の作品群の中では、突出して詩的で異色の作品と言えると思います。審査員特別賞というものは事前には設定していなかったと思いますが、そのような点から今回は特別賞を設けました。リング状のデザインも現在考えられているどの未来の宇宙建築よりも先鋭的で、繊細かつ大胆なデザインとなっていると思います。一方で、現実問題としてこのようなものが本当に作れるかという意見もあるかも知れませんが、私たちの宇宙建築賞の趣旨としては、必ずしも「現代の」、あるいは「現代の考えられる未来の」技術にしばられることなく発想をして欲しいと考えており、その意味において今後の宇宙建築賞に一石を投じる作品に仕上がっていると思います。

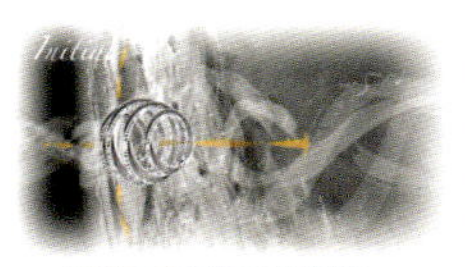
初期球型状態。地球から観光にやってくる小宇宙船を収納する。十字形の矢印は各々のリングの周遊方向を示す。

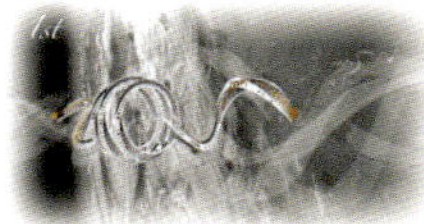
外側のリング（A,E 一週）が解けて惑星周回観光を始める。五線譜が広がっていくイメージ。

内側のリング（B,D 一週）が解けて惑星周回観光を始める。先に出発したリング（A,E 一週）は、惑星に「種子」を蒔き始める。そして、「種子」を蒔くと同時に小宇宙船が地球へ帰還する。

中心のリング（C 一最速）が解けて惑星周回観光を始める。先に出発したリング（B,D 一週）は、惑星に「種子」を蒔き始める。そして、「種子」を蒔くと同時に小宇宙船が地球へ帰還する。

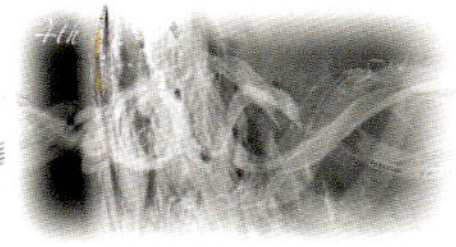
中心のリング（C 一最速）が惑星に「種子」を蒔き始める。そして、「種子」を蒔くと同時に小宇宙船が地球へ帰還する。

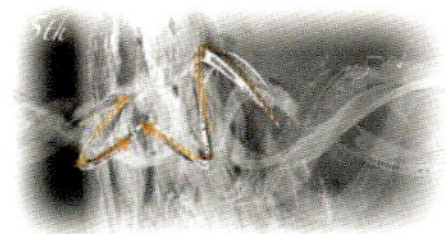
内側のリング（B,D 一週）が、外側のリング（A,E 一週）を追い越して帰還。初期球型状態に戻っていく。

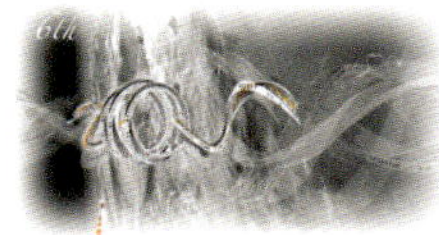
外側のリング（A,E 一週）と中心のリング（C 一最速）が帰還。初期球型状態に戻っていく。

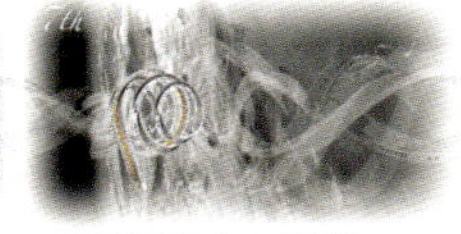
初期球型状態に戻り、新たにやってくる小宇宙船を待つ。

本作品は移動型巨大施設（観光船）を提案している。
まず、地球の衛星軌道上にある5本の巨大なリングに、地上から宇宙観光にやってくる小宇宙船が到着する。一番外側のリングから順に地球周回観光を開始。観光を終えると、リングから小宇宙船が離れ、地球に帰還する。
小宇宙船は「種船」と呼ばれている。地球に帰還するとき、小宇宙船には「種子」（植物の種だけではなく、世界に何かを芽ぶかせるもの全般を指す）が積まれており、帰還すると同時に種が世界中に蒔かれるのだ。

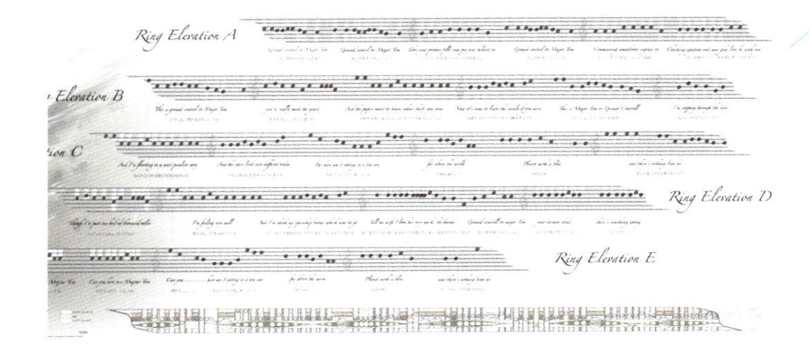

リングのドッグに収納された種船は音符を表しており、space oddityのメロディーで地球を取り巻いている。また、「space oddityの宇宙を漂い永遠に会うことができない妻」に「宇宙を漂いわずかに会えなかった地球への思い」を重ねていることにより、宇宙旅行者が詰め込んだ世界へのありとあらゆる思いを世界に送り届ける。リングは種の生産装置であり、音楽を奏でながら生きているものなのかもしれない。

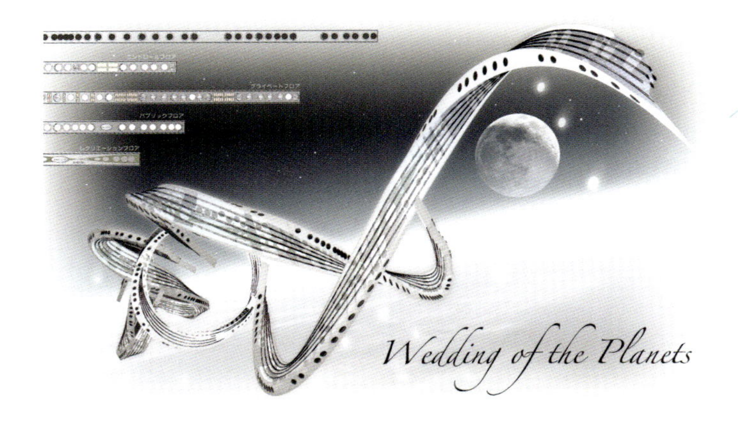

種を地球にばらまく、という目的からすると地球外生命体が侵略のために置いていったものともいえるのではないだろうか。それを地球人はうまく利用しているように思っているけれど、実は種をばら蒔かされている……など。このようにさまざまな妄想が膨らむ、魅力的な作品である。

入選　宇宙環境と宇宙観光の新しい関係性の構築

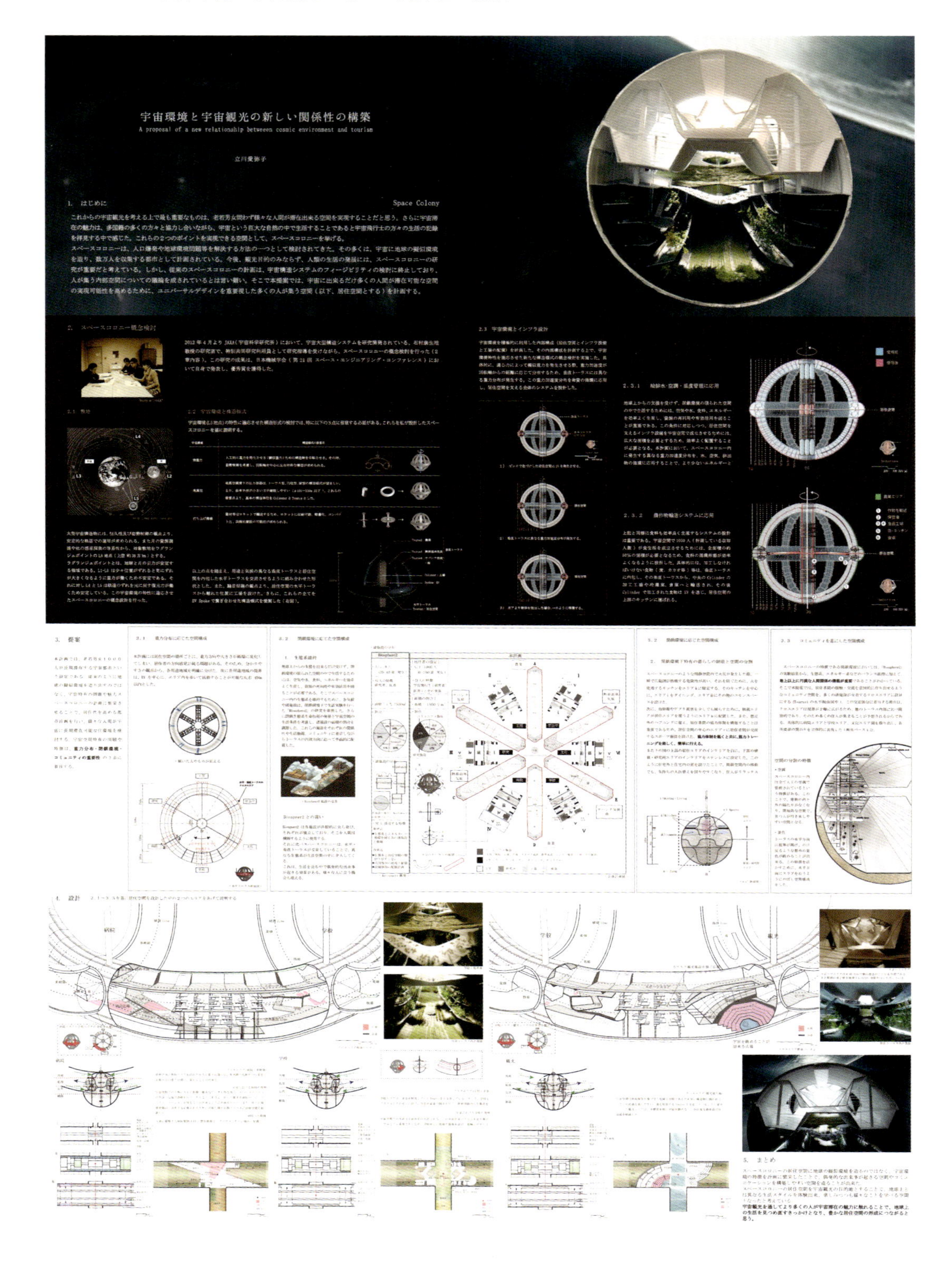

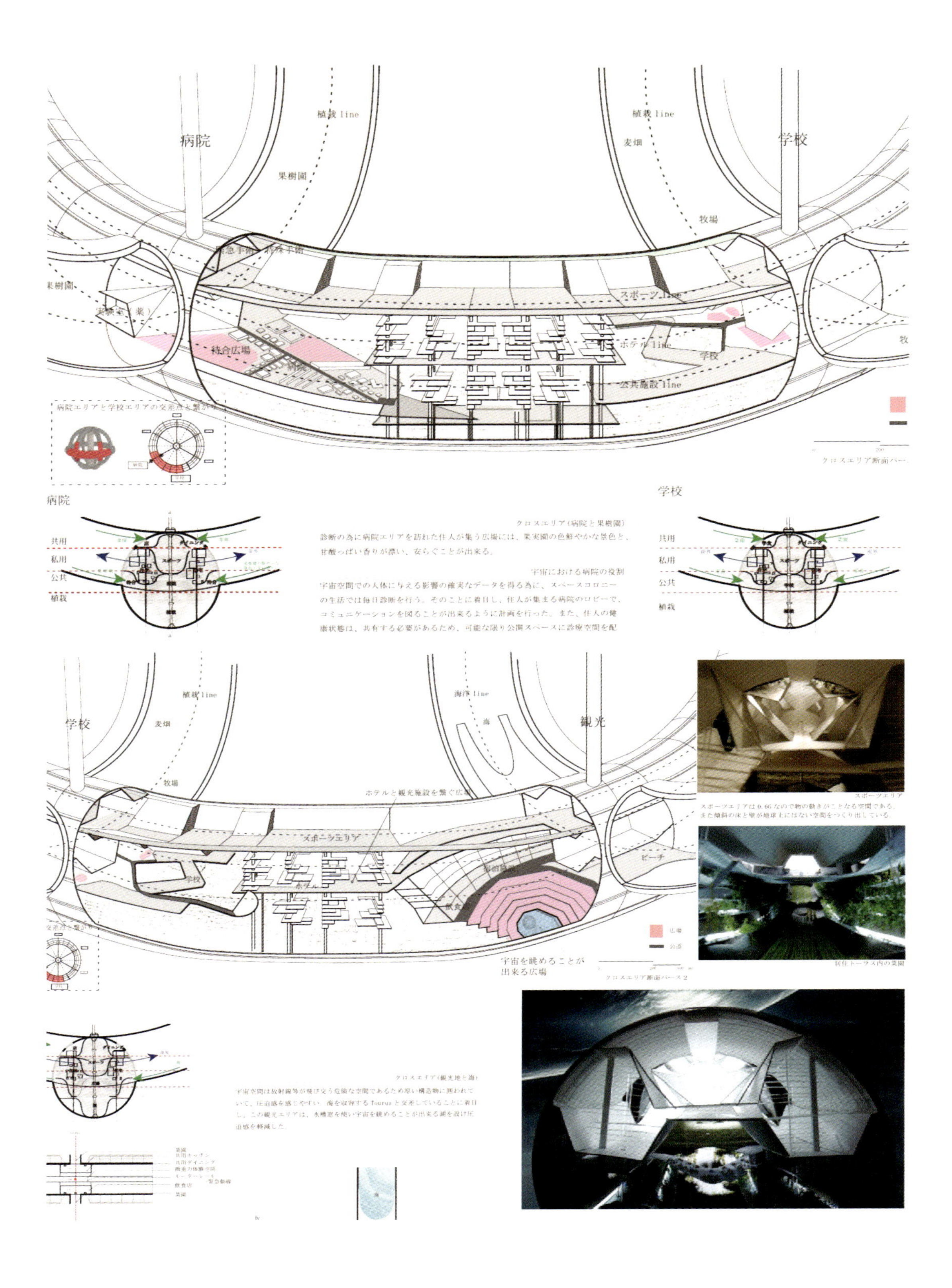
病院
学校
植栽 line
果樹園
麦畑
牧場
スポーツ line
ホテル line
公共施設 line
待合広場
病院エリアと学校エリアの交差点を繋ぐ
クロスエリア断面パース
共用
私用
公共
植栽
クロスエリア（病院と果樹園）
診断の為に病院エリアを訪れた住人が集う広場には、果実園の色鮮やかな景色と、甘酸っぱい香りが漂い、安らぐことが出来る。
宇宙における病院の役割
宇宙空間での人体に与える影響の確実なデータを得る為に、スペースコロニーの生活では毎日診断を行う。そのことに着目し、住人が集まる病院のロビーで、コミュニケーションを図ることが出来るように計画を行った。また、住人の健康状態は、共有する必要があるため、可能な限り公開スペースに診療空間を配
観光
海淨 line
海
ホテルと観光施設を繋ぐ広場
スポーツエリア
ビーチ
ホテル
広場
公道
宇宙を眺めることが出来る広場
クロスエリア断面パース2
スポーツエリア
スポーツエリアは0.6Gなので物の動きがことなる空間である。また傾斜の床と壁が地球上にはない空間をつくり出している。
クロスエリア（観光地と海）
宇宙空間は放射線等が飛び交う危険な空間であるため厚い構造物に囲われていて、圧迫感を感じやすい。海を収容するTourusと交差していることに着目し、この観光エリアは、水槽窓を使い宇宙を眺めることが出来る湖を設け圧迫感を軽減した。
緊急動線

宇宙環境と宇宙観光の新しい関係性の構築

A proposal of a new relationship betweeen cosmic environment and tourism

立川愛弥子

1. はじめに

Space Colony

これからの宇宙観光を考える上で最も重要なものは、老若男女問わず様々な人間が滞在出来る空間を実現することだと思う。さらに宇宙滞在の魅力は、多国籍の多くの方々と協力し合いながら、宇宙という巨大な自然の中で生活することであると宇宙飛行士の方々の生活の記録を拝見する中で感じた。これらの２つのポイントを実現できる空間として、スペースコロニーを挙げる。

スペースコロニーは、人口爆発や地球環境問題等を解決する方法の一つとして検討されてきた。その多くは、宇宙に地球の擬似環境を造り、数万人を収集する都市として計画されている。今後、観光目的のみならず、人類の生活の発展には、スペースコロニーの研究が重要だと考えている。しかし、従来のスペースコロニーの計画は、宇宙構造システムのフィージビリティの検討に終止しており、人が集う内部空間についての議論を成されているとは言い難い。そこで本提案では、宇宙に出来るだけ多くの人間が滞在可能な空間の実現可能性を高めるために、ユニバーサルデザインを重要視した多くの人が集う空間（以下、居住空間とする）を計画する。

2. スペースコロニー概念検討

Study at "JAXA"

2012 年 4 月より JAXA（宇宙科学研究所）において、宇宙大型構造システムを研究開発されている、石村康生准教授の研究室で、特別共同研究利用員として研究指導を受けながら、スペースコロニーの概念検討を行った（2 章内容）。この研究の成果は、日本機械学会（第 21 回 スペース・エンジニアリング・コンファレンス）において自身で発表し、優秀賞を獲得した。

2.1 敷地

L4

2.2 宇宙環境と構造様式

宇宙環境(L5地点)の特性に適応させた構造形式の検討では、特に以下の３点に留意する必要がある。これらを私が設計したスペースコロニーを基に説明する。

宇宙環境と宇宙観光の新しい関係性の構築

立川愛弥子

講評

宇宙建築に関する圧倒的な情熱を感じた作品です。ここには、A1サイズの応募用紙には描ききれないほどの情熱が詰め込まれています。横方向のトーラス状の居住空間の検討を中心に垂直方向のトーラスを利用した循環システムを検討したり、これまでの宇宙施設では滞在人数の関係からそれほどは検討されていなかった1000人規模のコミュニティーの問題まで検討の範疇に入れて考察をおこなっています。今回の応募の規定にはもちろんありませんが、模型写真ではなく、ここで製作をしていると思われる実物の模型を見てそのパワーを感じたいと思いました。惜しくも最優秀賞には届きませんでしたが、それにも迫る大変な力作であったと思います。

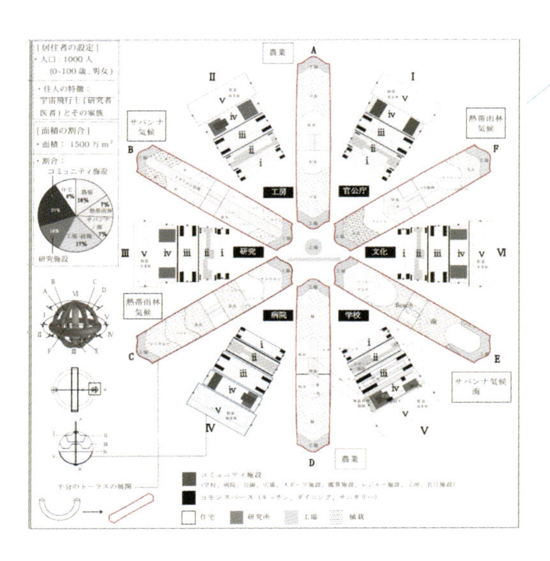

宇宙観光において重要なことは「多様な人々が滞在できる空間」と考え、老若男女問わず人類が協力して生活するスペースコロニーを提案している。地球上の問題を解決する方法のひとつとして研究され続けているスペースコロニー。従来のフィージビリティ（実現可能性）の検討を重視したスペースコロニーのアイデアのみに留まらず、人が生活する内部空間に重きを置いた設計になっている。

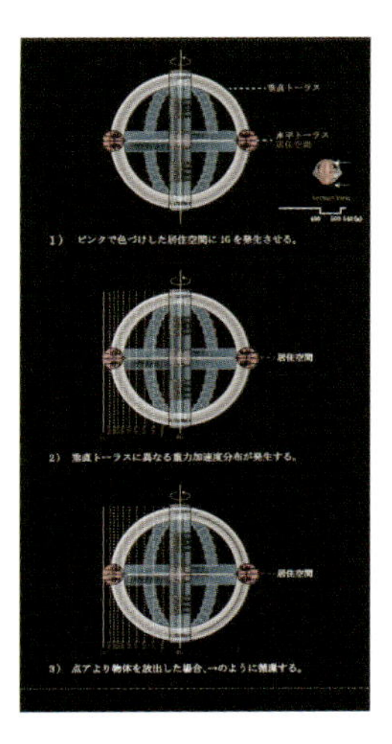

3．1　重力分布に応じた空間構成

本計画には居住空間の場所ごとに、重力方向や大きさが極端に変化してしまい、居住者の方向感覚が鈍る問題がある。そのため、分かりやすさの観点から、各用途地域を明確に分けた。次に各用途地域の境界は、EV を中心に、エリア内を歩いて活動することが可能な左右 400m 以内とした。

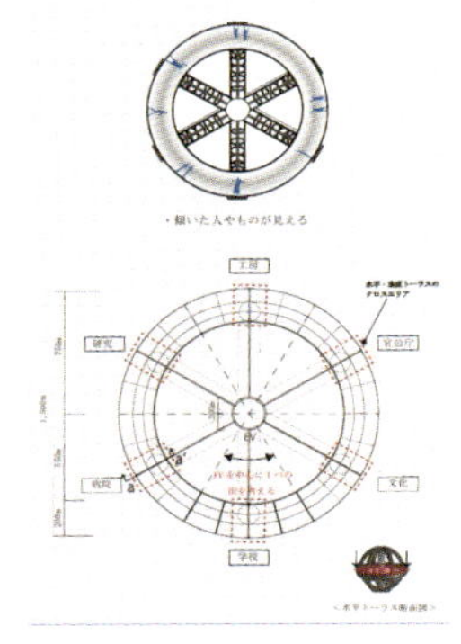

限られた空間を効率よく利用することは宇宙空間での生活において不可欠である。本作のコロニーは、トーラス型とシリンダー型の構造体を組み合わせた球形状になっている。内部空間に人工重力を発生させることにより、重力と無重力のそれぞれの特徴を生かした空間や物質循環システムなどを設計した。物質循環システムは、大きさや方向の異なるGが存在する空間をうまく使い分けている。

空間の分割の特徴

・空調
スペースコロニー内は全て人工の空調で管理されているという特徴がある。このことで、建物の内と外の隔たりがなくなり、開放的な空間で、且つ人が行き来しやすい空間となる。

・景色
トーラスの水平方向に視界が開け、のけ反るような都市の景色が眺めることが出来る。この特徴を活かすために、水平方向にスラブを沿うようにのばし空間構成をした。

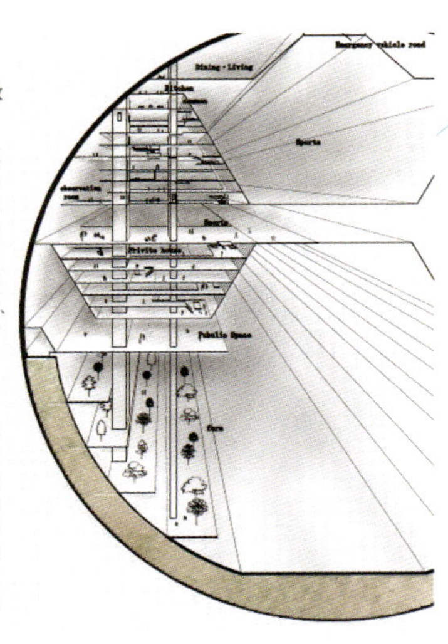

地球からの支援を受けずに生活することは、エネルギーや食糧の問題はもちろんのこと、人間関係についても検討する必要がある。閉鎖空間居住実験は実際に地球上でおこなわれており、閉鎖空間では円満な人間関係の構築が必要であることがわかっている。コロニー内部には居住者間の交流が生まれやすくするための工夫がちりばめられており、恒常的に生活できる空間設計を目指している。

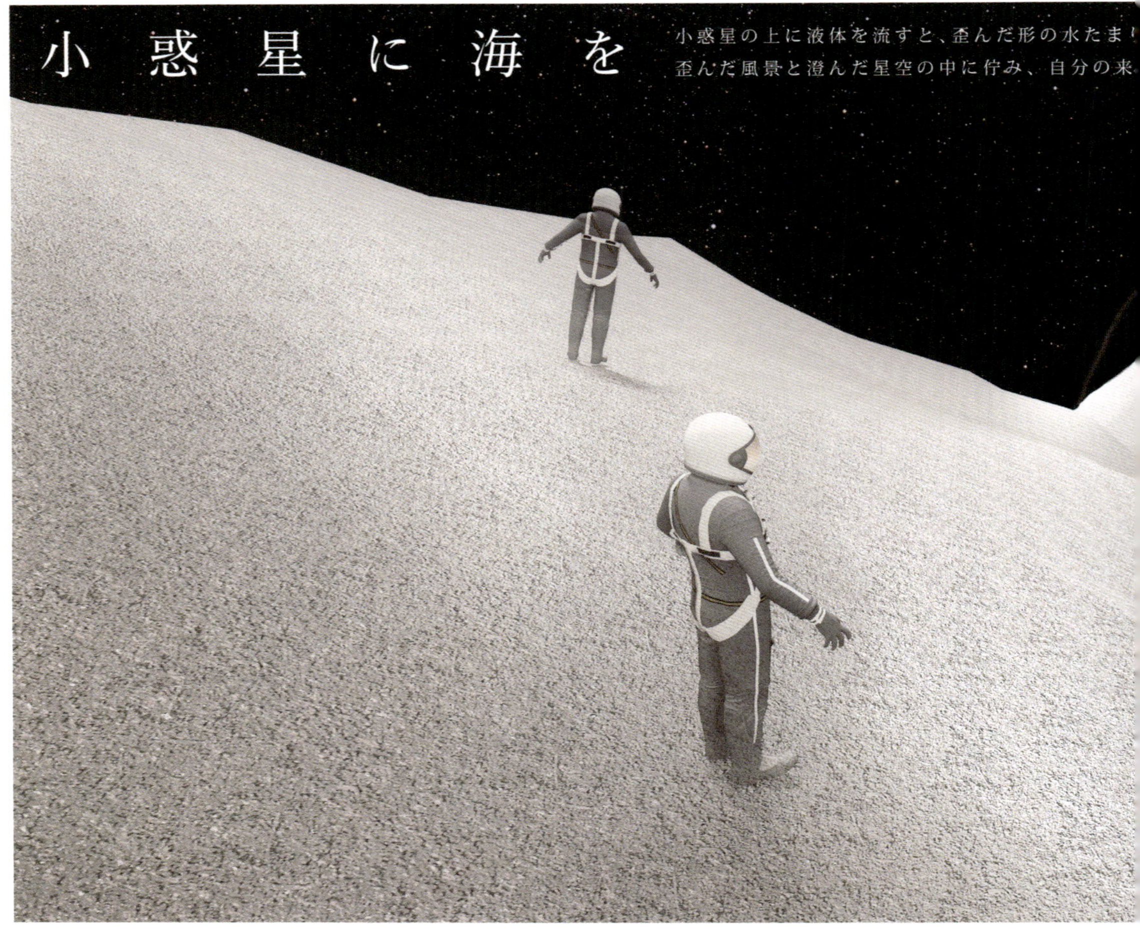

小惑星に海を
小惑星の上に液体を流すと、歪んだ形の水たま
歪んだ風景と澄んだ星空の中に佇み、自分の来

小惑星の利用

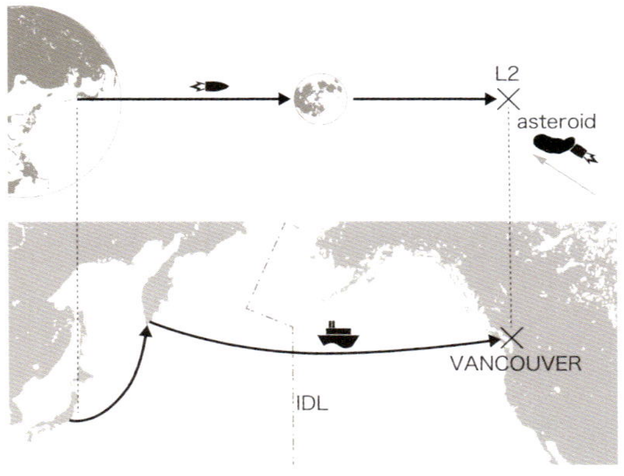

小惑星を利用した空間体験

私達は小惑星を利用して、重力や物理現象、宇宙そのものを新しい形で体感できる観光施設を設計する。
現在、NASA によって小惑星の探査計画が検討されている。これは無人機により小惑星をラグランジュ点（L2）まで曳航し、そこへ宇宙飛行士を送り込んで採掘探査などを行うというものである。今のところ曳航後の小惑星の利用については触れられていない。今回の計画により、その小惑星も後に有意義に利用される可能性がある。
今回はテストケースとして、JAXA により詳細な探査が行われ、形状などのデータが揃っている小惑星イトカワを用いた。

ラグランジュ点 (L2) までの観光

L2 に小惑星を置く利点は、太陽、地球、月の重力が釣り合うポイントであるため、少ないエネルギーで安定して同じ場所に小惑星をとどめておけることである。また小惑星だけでなくそこまでのコースも観光としてとらえることが出来る。
NASA は L2 到着まで 9 日間かかると試算しているが、これは現代の観光だと丁度日本から北米大陸までのクルージングに相当する。その中でカムチャッカ火山の船上からの見学、日付変更線の通過等がイベントとして組み込まれているか、L2 までの飛行だと無重力の体験、地球の外部からの観察、月の間近での観察がそれらに相当するだろう。

液体で作られる建築と風景

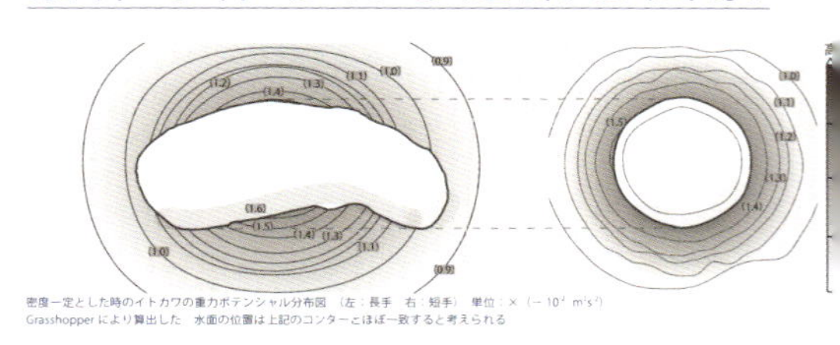

密度一定とした時のイトカワの重力ポテンシャル分布図 （左：長手 右：短手） 単位：×（$-10^{2}\ m^{2}s^{-2}$）
Grasshopper により算出した 水面の位置は上記のコンターとほぼ一致すると考えられる

小惑星のいびつな微小重力

イトカワはいびつな重力を持つ。球形でないため、場所によって重力の向きや大きさが一様にならないのである。ここに立った時人は歪んだ地平線や自分に対して大きく傾いて立つ人を見ることになるし、10 分前後で小惑星全体を一周することさえできる。さ
にその重力は大変微弱である（0.07-0.1mm/s^2 程度、地球の約 10 万分の 1）ため、軽くジャンプするだけでも第二宇宙速度を超え
て宇宙へと飛び出して行ってしまう。

液体による風景と建築の構成

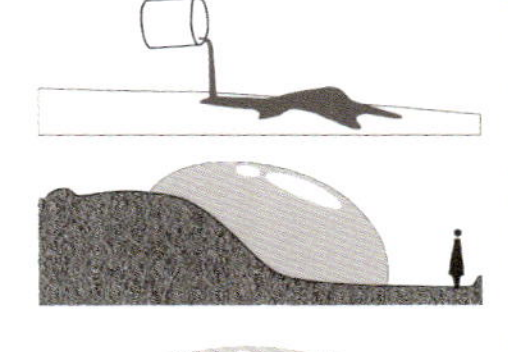

液体を流す：
以上のような地形や重力の微小な違いをより敏感に感じてもらうため、こ
の小惑星上に液体を注ぐ。液体は小惑星の上をゆっくりと流れ、やがて
を形作る。

地形の前景化：
地形や重力などの作用で、小惑星上を歩く人は自らの視線の上や横、自分
に対して全く傾いた位置などに池を見つけ、そこがこの小惑星の底なのだ
と知る。さらにこの惑星の重力の弱さを利用すると、液体の中に気泡を
い間閉じ込めておくことが可能である。

建築の形成：
地形や重力などの作用で、小惑星上を歩く人は自らの視線の上や横、自分
に対して全く傾いた位置などに池を見つけ、そこがこの小惑星の底なのだ
と知る。さらにこの惑星の重力の弱さを利用すると、液体の中に気泡を
い間閉じ込めておくことが可能である。

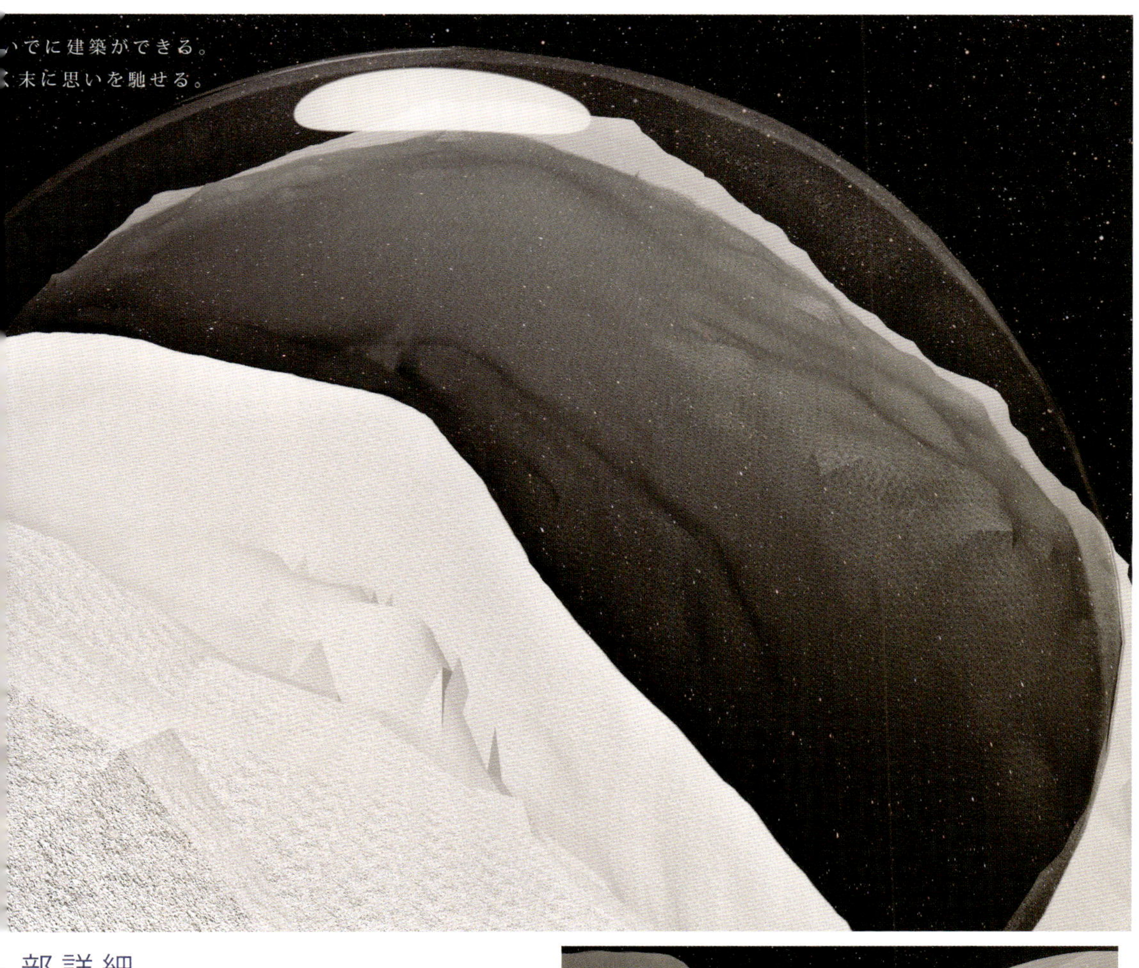
いでに建築ができる。
く末に思いを馳せる。

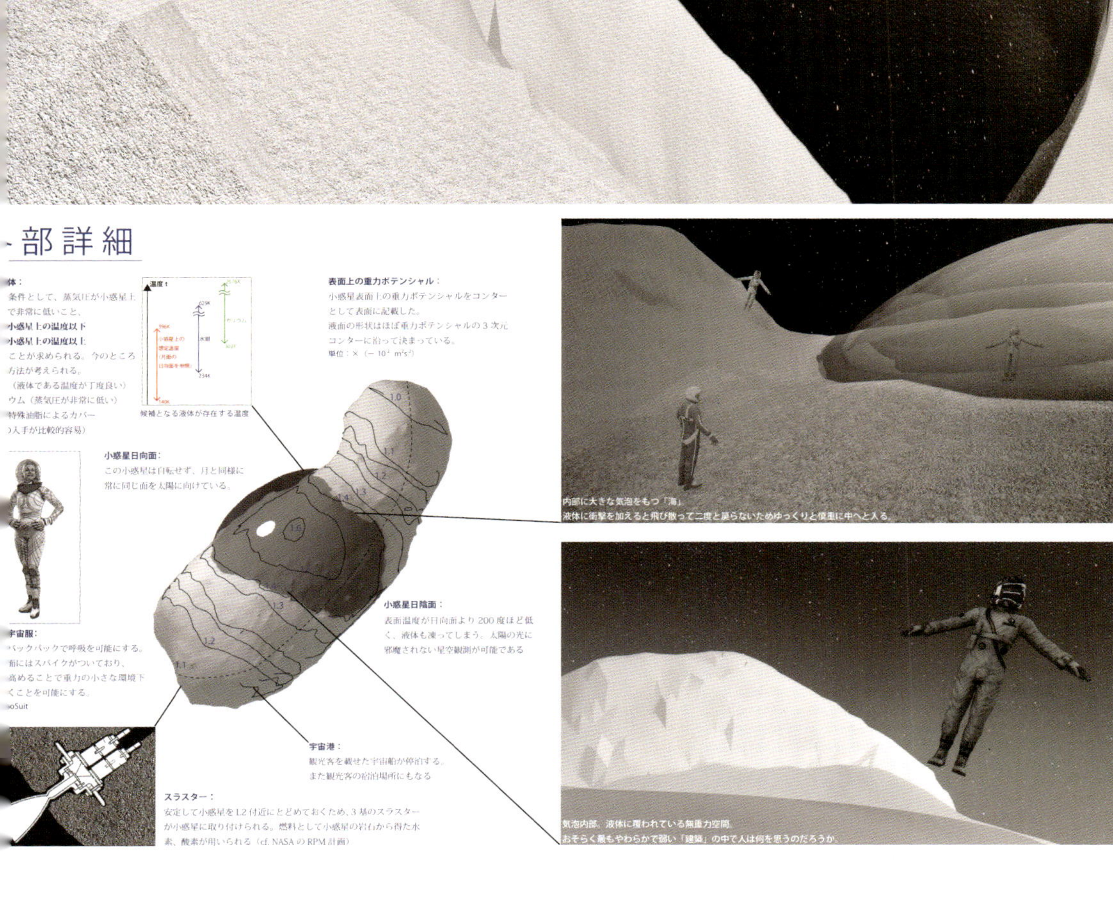
- 部詳細
体：
条件として、蒸気圧が小惑星上
で非常に低いこと、
小惑星上の温度以下
小惑星上の温度以上
ことが求められる。今のところ
方法が考えられる。
（液体である温度が丁度良い）
ウム（蒸気圧が非常に低い）
特殊油脂によるカバー
)入手が比較的容易）
温度 t
629K
水銀
234K
140K
候補となる液体が存在する温度
表面上の重力ポテンシャル：
小惑星表面上の重力ポテンシャルをコンター
として表面に記載した。
液面の形状はほぼ重力ポテンシャルの3次元
コンターに沿って決まっている。
単位：×（− 10² m²s²）
1.0
1.1
1.2
1.3
1.4
1.6
小惑星日向面：
この小惑星は自転せず、月と同様に
常に同じ面を太陽に向けている。
小惑星日陰面：
表面温度が日向面より 200 度ほど低
く、液体も凍ってしまう。太陽の光に
邪魔されない星空観測が可能である
宇宙服：
バックパックで呼吸を可能にする。
面にはスパイクがついており、
高めることで重力の小さな環境下
くことを可能にする。
oSuit
宇宙港：
観光客を載せた宇宙船が停泊する。
また観光客の宿泊場所にもなる
スラスター：
安定して小惑星を L2 付近にとどめておくため、3 基のスラスター
が小惑星に取り付けられる。燃料として小惑星の岩石から得た水
素、酸素が用いられる（cf. NASA の RPM 計画）
内部に大きな気泡をもつ「海」。
液体に衝撃を加えると飛び散って二度と戻らないためゆっくりと慎重に中へと入る。
気泡内部、液体に覆われている無重力空間。
おそらく最もやわらかで弱い「建築」の中で人は何を思うのだろうか。

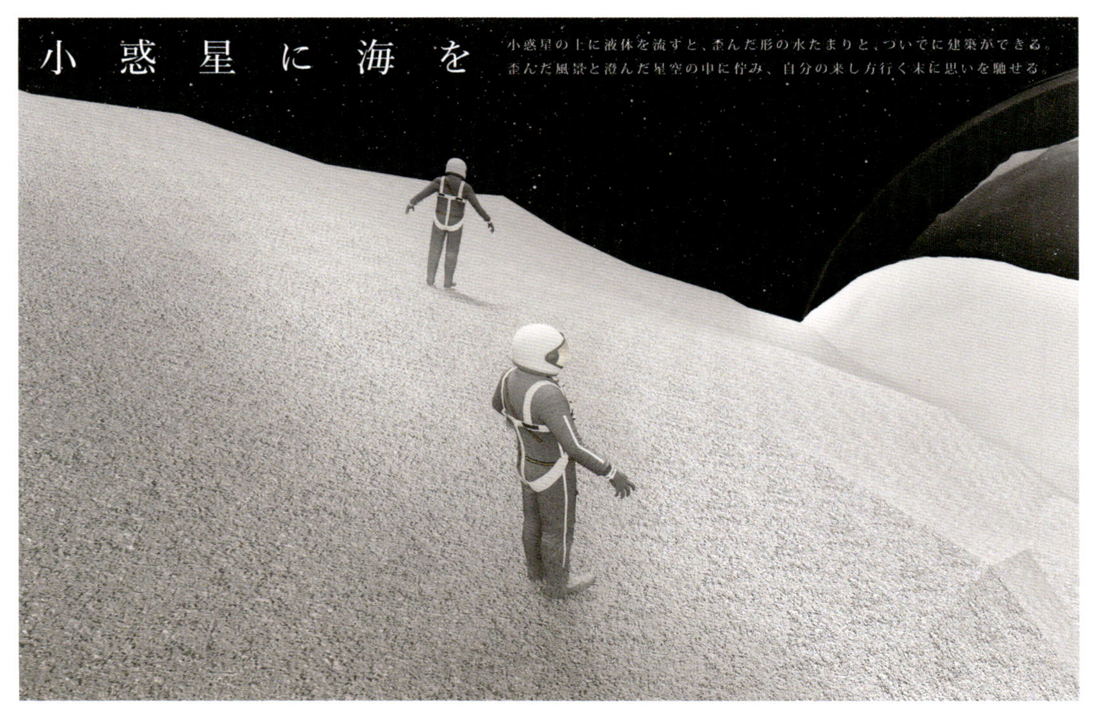

小惑星に海を
小惑星の上に液体を流すと、歪んだ形の水たまりと、ついでに建築ができる。
歪んだ風景と澄んだ星空の中に佇み、自分の来し方行く末に思いを馳せる。

小惑星の利用

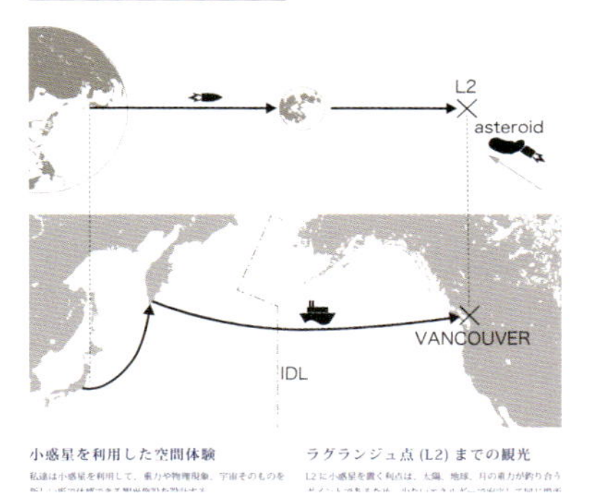

液体で作られる建築と風景

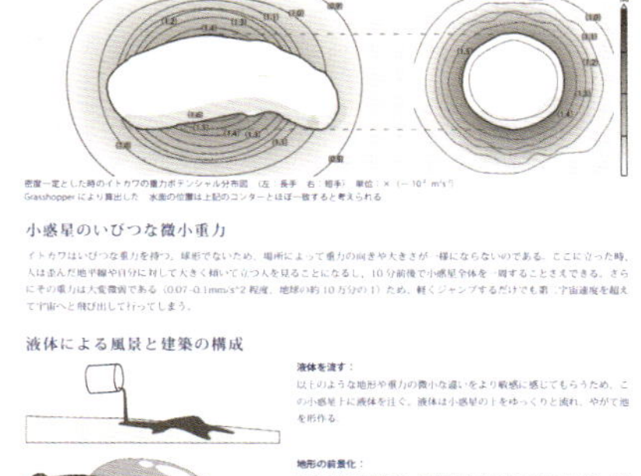

小惑星のいびつな微小重力
液体による風景と建築の構成

各部詳細

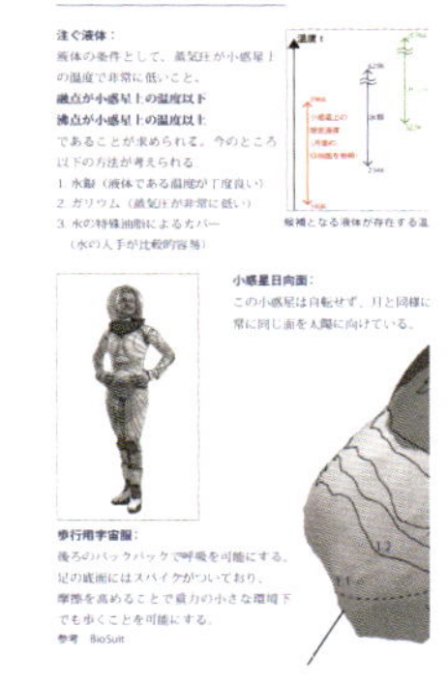

小惑星に海を

蒔苗寒太郎　滝口雅之

講評

小惑星探査機「はやぶさ」が着陸したイトカワをラグランジュポイントまで曳航し、そこで建築空間を構築するというものです。何より建築物を月や火星でなく、小惑星に作るという点が他案にはない特徴でした。ここには、小惑星を取り巻く液体によって見たこともない風景が広がり、これまで体験したことのない建築の空間体験ができます。水辺では、イトカワのターゲットマーカーが海の波に揺れているのでしょうか。今は地球で燃え尽きてしまったはやぶさの片割れが“ビーチ”に落ちているかも知れません。はやぶさの帰還で涙したあの歴史の一コマが、宇宙観光の目的地になるなんて、素敵な話だと思いませんか。想像力を掻き立てられる作品です。

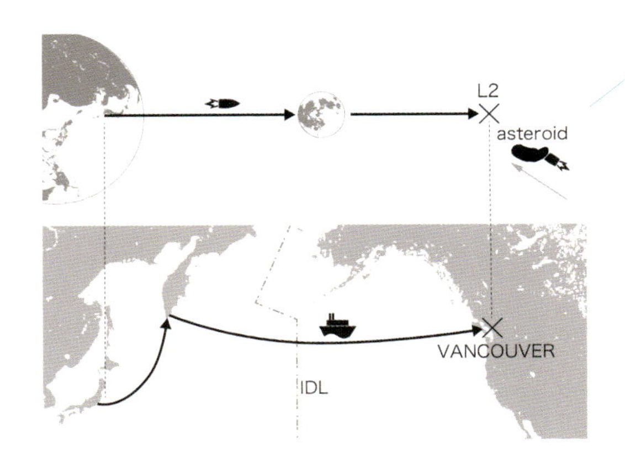

小惑星探査機「はやぶさ」が探査した小惑星「イトカワ」を利用し、重力や物理現象、宇宙そのものを新しい形で体感できる観光施設である。
なぜ小惑星の観光施設を計画したのだろうか。制作者は元々、NASAによる小惑星の探査計画をきっかけに作品を構想した。NASAの計画は、資源採取以外に小惑星の利用が考えられていなかった。そこに製作者は着目し、資源利用ではない、新たな小惑星の利用価値を検討した。

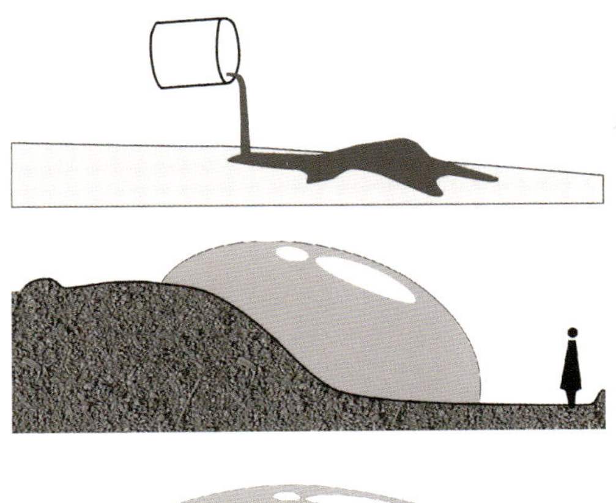

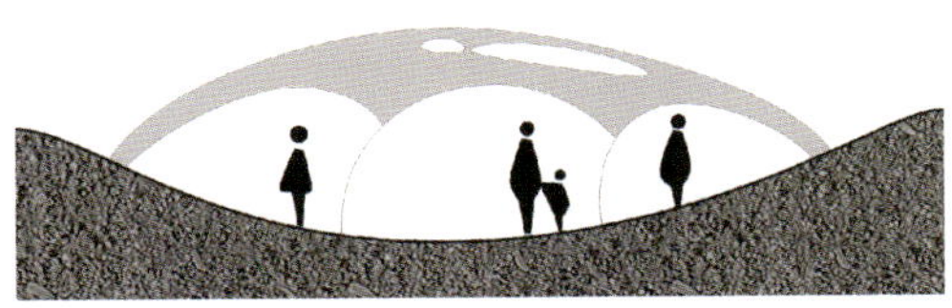

観光施設を作るため、まず「小惑星に海をつくること」を計画している。
小惑星に液体を流し込むと、小惑星の微小重力や地形によって液体はゆっくりと流動し、やがて水溜りを形成する。次に微小重力を利用し、水溜りの中に気泡を閉じ込め、人が入るための隙間を作る。その液体によって生じる歪んだ風景を眺め、人は佇む。広大な宇宙空間の中で、自らの過去と未来に思いを馳せる観光施設である。

注ぐ液体：
液体の条件として、蒸気圧が小惑星上の温度で非常に低いこと、
融点が小惑星上の温度以下
沸点が小惑星上の温度以上
であることが求められる。今のところ以下の方法が考えられる。
1. 水銀（液体である温度が丁度良い）
2. ガリウム（蒸気圧が非常に低い）
3. 水の特殊油脂によるカバー
（水の入手が比較的容易）

候補となる液体が存在する温度

表面上の重力ポテンシャル：
小惑星表面上の重力ポテンシャルをコンターとして表面に記載した。
液面の形状はほぼ重力ポテンシャルの3次元コンターに沿って決まっている。
単位：×（－10⁻² m²s⁻²）

小惑星日向面：
この小惑星は自転せず、月と同様に常に同じ面を太陽に向けている。

歩行用宇宙服：
後ろのバックパックで呼吸を可能にする。
足の底面にはスパイクがついており、摩擦を高めることで重力の小さな環境下でも歩くことを可能にする。
参考：BioSuit

小惑星日陰面：
表面温度が日向面より200度ほど低く、液体も凍ってしまう。太陽の光に邪魔されない星空観測が可能である

宇宙港：
観光客を載せた宇宙船が停泊する。
また観光客の宿泊場所にもなる

スラスター：
安定して小惑星をL2付近にとどめておくため、3基のスラスターが小惑星に取り付けられる。燃料として小惑星の岩石から得た水素、酸素が用いられる（cf. NASAのRPM計画）

一見壮大でダイナミックな計画に見えるが、小惑星のもつ重力ポテンシャル分布図を算出し、環境条件を考慮した液体の選出をするなど、細部にもこだわりが見られる。宇宙空間で漂う小惑星の海の中で、人は漂うことによって何を思うのか。思考する時間そのものを観光とする、独創的な提案である。

KIZAHASHI01

Orbital Elevator System

ACCOUNT

設計概要

KIZAHASHI01は地上ステーション（アースポート）・エレベータケージ・宇宙ステーション・アンカーステーションテザーの5つのファクターで構成されている。静止軌道エリアには疑似重力発生装置を内包し、多様な空間体験を演出する。敷地は北緯３度、西経４４度付近の海上に設定する。

ACCOUNT

カウンターウェイト

宇宙ステーション01及び02にはそれぞれ重力或いは遠心力が強く働いている。その為、予期せぬ事態の際に、単独では高度を維持する事が出来ない。そこでそれぞれのステーションが受ける力と相反する力が作用するウエイトを組み込む事により重心が静止衛星軌道上になるように操作し、単独で高度を維持する事が出来る様になっている。また、通常時にはその位置を調整する事により、エレベーター全体の張力の調整を行う事なども可能である。

無重力環境下での居住

上記の通り、ケージ内の重力環境は流動的に移りかわる事になる。その為、ケージ内は有重力、無重力両方の環境で活動可能である必要が有る。

昇降方法

軌道エレベーターでは通常のエレベータで用いられるロープ式とは違う昇降方法を用いる。エレベーターケージ自体に原動機を付け、レールの役割を果たすテザーを自力で登っていく方式を取る事を想定している。

カーボンナノチューブ

子の素材は軌道エレベーターの各施設を繋ぐ目的や、エレベータケージの昇降の為のレールとなるテザーの材料として適切であるとされる素材である。

疑似重力発生装置

疑似重力発生装置は宇宙ステーション旅客エリアに組み込まれた装置である。旅客エリア全体を周回させる事により発生する遠心力を疑似的な重力に見立てている。遠心力は回転半径と回転数によって変わる。

$G=1.118\times R\times N^{2}\times 10^{-6}$
G=遠心加速度（遠心力）　R=回転半径　N=回転数（rpm）※rpmは１分間に何回転するかの単位

——第1ステーション——
G=0.798　R=2500000　N=0.534331297
Nを時速換算するとすると
同期エリア　187.3374511km/h
旅客エリア　503.5952985km/h

——第2ステーション——
G=0.7　R=2500000　N=0.500447027
Nを時速換算するとすると
同期エリア　175.4575986km/h
旅客エリア　471.6602114km/h

——第3ステーション——
G=0.7　R=2500000　N=0.500447027
Nを時速換算するとすると
同期エリア　175.4575986km/h
旅客エリア　471.6602114km/h

それぞれの速度は上記のようになる。それぞれのGの値が異なるのは、重力環境がステーションにより異なるからである。

ACCOUNT

ステーション居住区≪

宇宙空間では高度により軌道速度が異なる。算出式は以下の
V=（398600/(6378+H)）^1/2
地球を周回する物体が上記式で算出される速度以下である場
寄せられ、それ以上だと重力のくびきから解き放たれる空間と
ターの場合、上下端部で引かれている為、落下する事も、外
ないが、体感的には、その方向に重力が有るように感じられ

《第１ステーション》
高度18,000km
周回軌道速度　16221km/h
実際の航行速度　6382km/h
必要な速度の39.34%で航行している事になり、第１ステーシ
球向きに作用している事になる。

《第２ステーション》
高度36,000km
周回軌道速度　11,094km/h
実際の航行速度　11,094km/h
第２ステーションは静止軌道上にあるのでステーション内部に

《第３ステーション》
高度54,000km
周回軌道速度　9,249km/h
実際の航行速度　15,806km/h
必要な速度の170%で航行している事になり、第１ステーショ
向に作用している事になる。

ACCOUNT

重力環境の推移

エレベーターケージ内は常に重力環境が変化していく。
の内訳は以下の通りである。

0km ～ 18,000km	≫	1.0G	～	0.6G
18,000km ～ 36,000km	≫	0.6G	～	0G
36,000km ～ 54,000km	≫	0G	～	-0.7G

※各スパンの移動時間は4日間程度である。

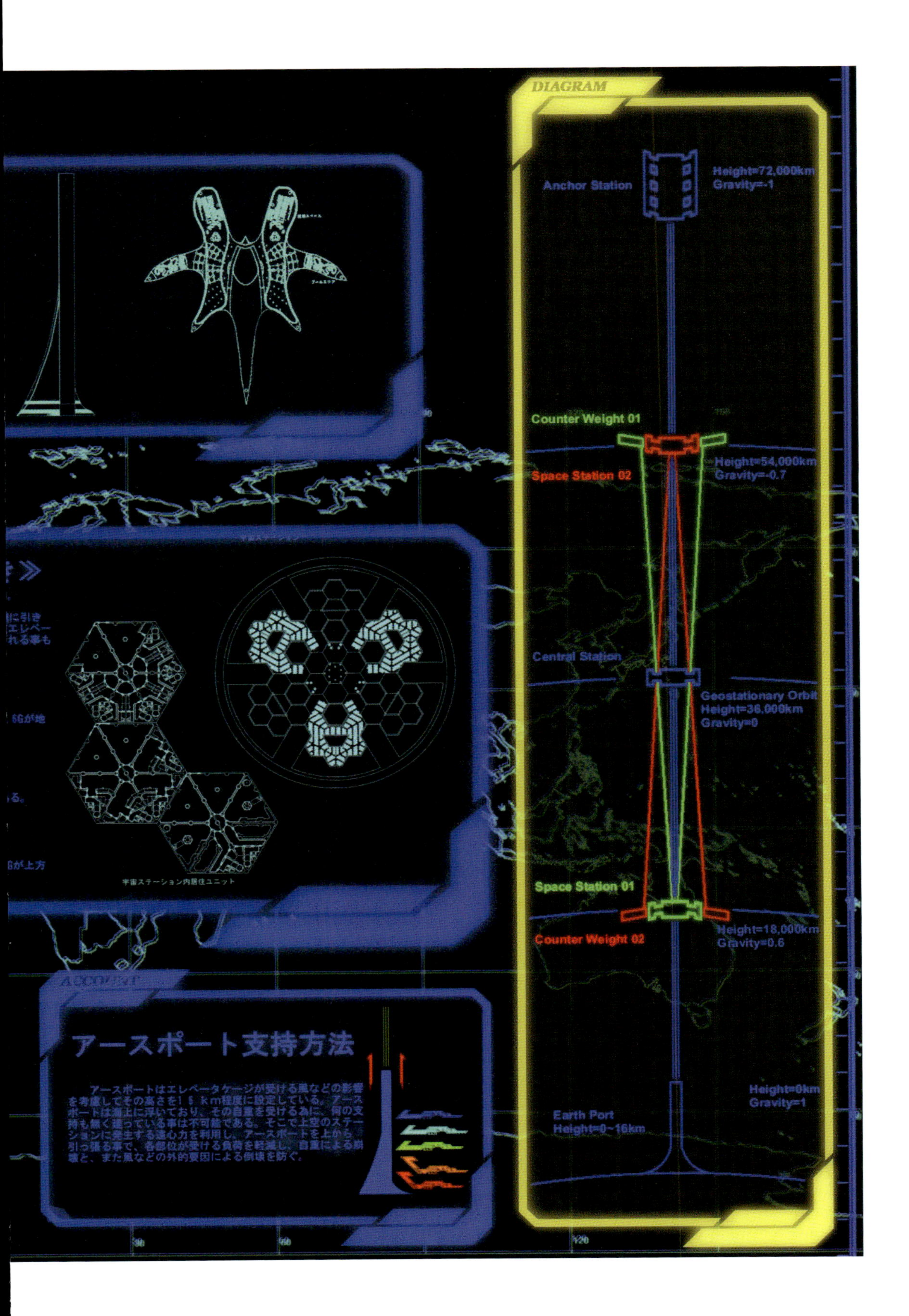
DIAGRAM
Anchor Station
Height=72,000km
Gravity=-1
Counter Weight 01
Space Station 02
Height=54,000km
Gravity=-0.7
Central Station
Geostationary Orbit
Height=36,000km
Gravity=0
Space Station 01
Counter Weight 02
Height=18,000km
Gravity=0.6
Earth Port
Height=0~16km
Height=0km
Gravity=1
宇宙ステーション内居住ユニット
アースポート支持方法
アースポートはエレベータケージが受ける風などの影響を考慮してその高さを16km程度に設定している。アースポートは海上に浮いており、その自重を受ける為に、何の支持も無く建っている事は不可能である。そこで上空のステーションに発生する遠心力を利用し、アースポートを上から引っ張る事で、各部位が受ける負荷を軽減し、自重による崩壊と、また風などの外的要因による倒壊を防ぐ。

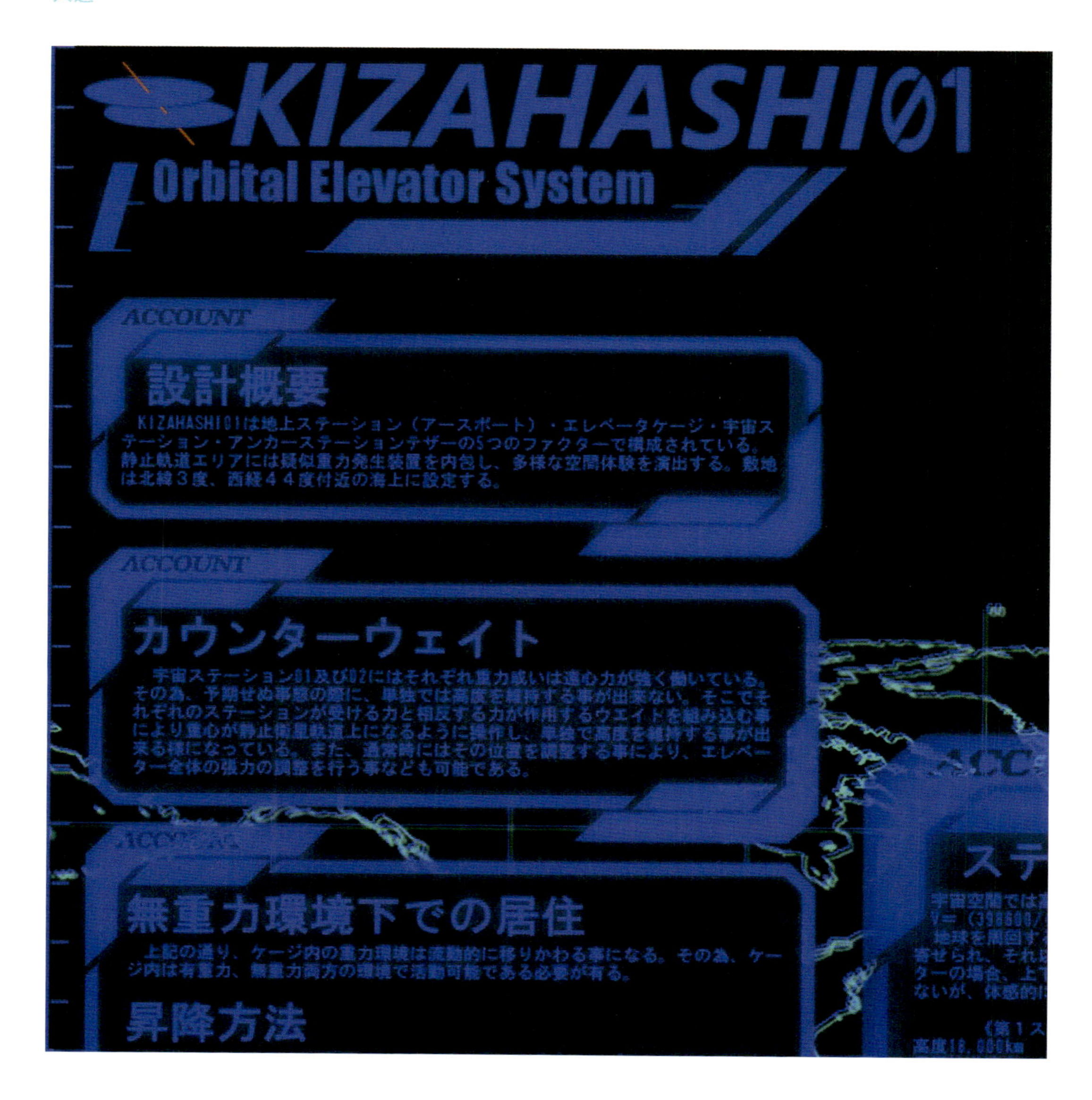

KIZAHASHI01

山仲龍馬　髙田大暉

講評

図面右側の黄緑と赤のライン、浮遊するアースポート用の青のウェイト、それぞれの単独での高度維持のためのアイデアが秀逸だと感じました。また３つある個々のステーション内で、1G 環境を作るために施設を回転させる空間も良いと思いました。最優秀の宇宙エレベーターのケーブル配置は５本中２本の不具合でも対処できるよう設計されていましたが、この作品の場合、主たる青色部のケーブルが全て不具合を起こしても、個々のステーションは推力の制御さえすれば地球を周回し続けることができるということなのでしょうか。独自のプレゼンテーションも美しいです。いずれにせよ、宇宙エレベーターの設計史に残したい名作と言えると思います。

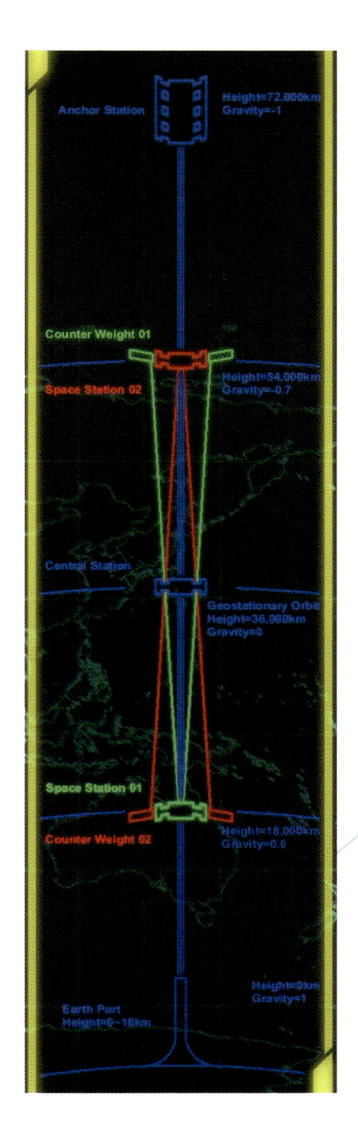

宇宙エレベーターは多くの場合、移動手段と捉えられがちであるが、本作品は遊び心に溢れており、一つの観光施設として考えられている。まず目に飛び込んでくるのは、大量の水を用いるスパである。宇宙環境において非常に貴重な水を、エンターテイメントに用いようとする計画は非常に面白い。その他にも、展望室、図書室、レストラン、プライベートルームなどの設備が備え付けられているため､快適な宇宙旅行を提供してくれるだろう。

本作品の宇宙エレベーターは､地上ステーション､エレベータケージ（箱)､宇宙ステーション、アンカーステーション、テザー（ひも）から構成されている。

通常のエレベーターは外部のモータでロープを引いているが、本作品の宇宙エレベーターはケージそのものにモーターがついており、自力でテザーを昇り降りする。テザーにはカーボンナノチューブを用いる。

ゲージは大気圏内と外を行き来するため、内部の重力も変化する。そのため、重力を調節し、常に活動できる状態にする必要がある。静止軌道上では、疑似重力発生装置を用いて、より地球上に近い環境を実現している。

緊急時に高度を維持しなければならない場合は，カウンターウェイトを利用して重心が静止軌道上からずれないように保つ。なお、通常時はこの位置を調整することでテザー全体の張力も調整できる。

螺旋回廊

多目的火星開拓拠点

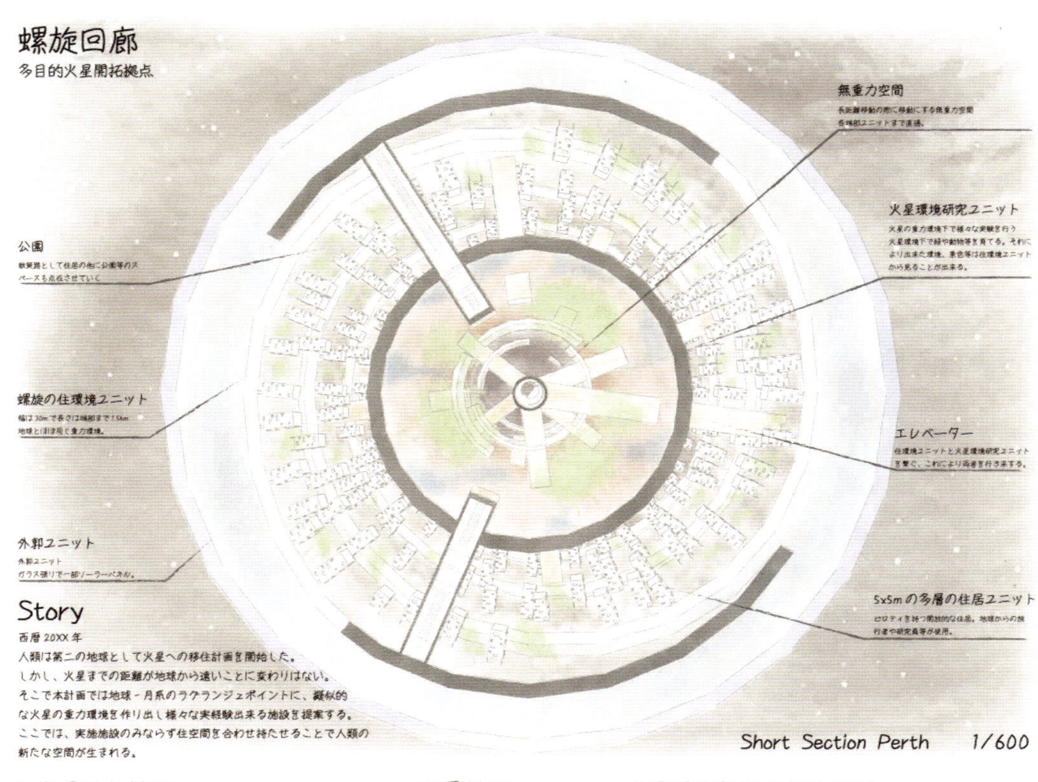
無重力空間
長距離移動の際に移動にする無重力空間
各端部ユニットまで直通。
火星環境研究ユニット
火星の重力環境下で様々な実験を行う
火星環境下で緑や動物等を育てる。それにより出来た環境、景色等は住環境ユニットから見ることが出来る。
公園
散策路として住居の他に公園等のスペースも点在させていく
螺旋の住環境ユニット
幅は30mで長さは端部まで1.5km
地球とほぼ同じ重力環境。
エレベーター
住環境ユニットと火星環境研究ユニットを繋ぐ。これにより両者を行き来する。
外郭ユニット
外郭ユニット
ガラス張りで一部ソーラーパネル。
5x5mの多層の住居ユニット
ピロティを持つ開放的な住居。地球からの旅行者や研究員等が使用。
Short Section Perth 1/600

Story

西暦 20XX 年

人類は第二の地球として火星への移住計画を開始した。
しかし、火星までの距離が地球から遠いことに変わりはない。
そこで本計画では地球 - 月系のラグランジュポイントに、擬似的な火星の重力環境を作り出し様々な実経験出来る施設を提案する。
ここでは、実施施設のみならず住空間を合わせ持たせることで人類の新たな空間が生まれる。

1. 火星移住計画

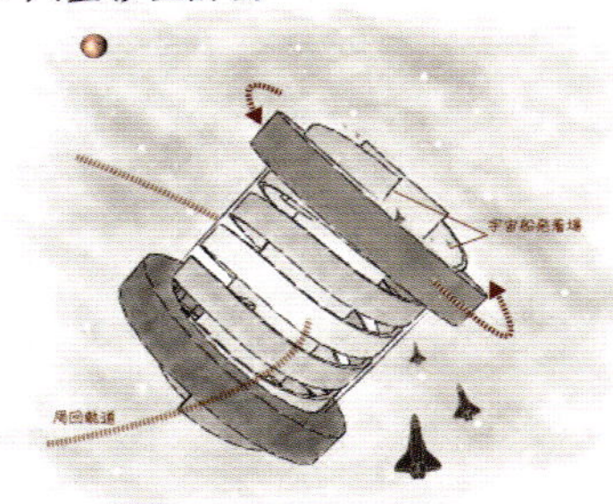
宇宙船発着場
周回軌道

火星への移住の為、火星の環境をシュミレートする施設が必要となる。ここでは火星への中継地点としての施設を設け、火星移住の為の準備として活用する。研究施設と観光として訪れる人々も滞在できる居住空間が主な機能となる。

2. 配置計画

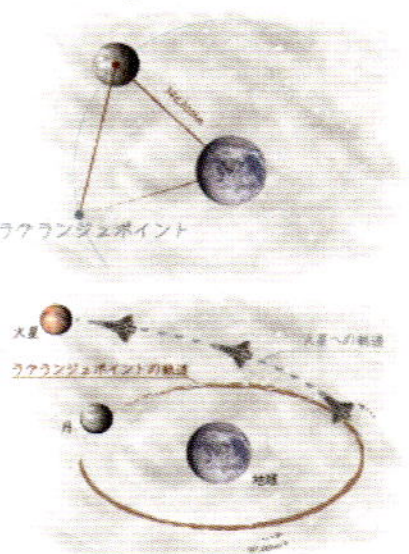
ラグランジュポイント
火星
火星への軌道
ラグランジュポイントの軌道
月
地球

地球と火星の中継地点として、地球ー月系のラグランジュポイントに、本施設を設置する。火星側に軌道が向いた時に宇宙船を発進させるとスムーズに火星へ到達出来る。

3. 火星環境を廻る無限の道

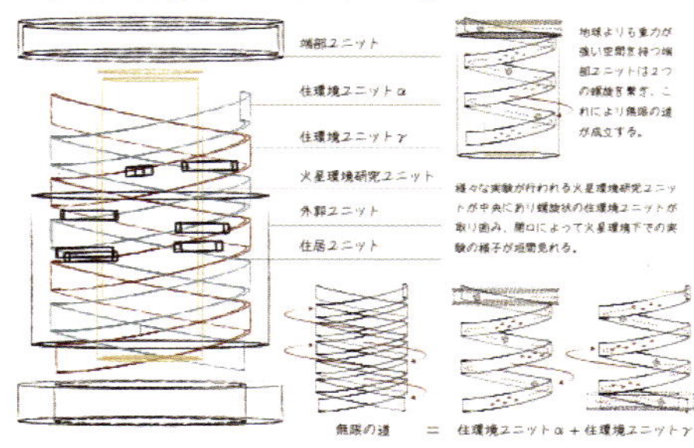
端部ユニット
住環境ユニットα
住環境ユニットγ
火星環境研究ユニット
外郭ユニット
住居ユニット
地球よりも重力が強い空間を持つ端部ユニットは2つの螺旋を繋ぎ、これにより無限の道が成立する。
様々な実験が行われる火星環境研究ユニットが中央にあり螺旋状の住環境ユニットが取り囲み、開口によって火星環境下での実験の様子が垣間見れる。

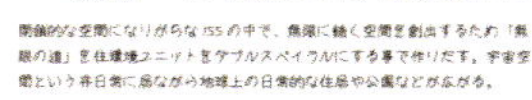
無限の道 ＝ 住環境ユニットα ＋ 住環境ユニットγ

火星環境研究ユニットでは火星重力環境を作り出し、そこで様々な実験を行う。回転半径の違いにより、様々な重力空間を作り出す空間を設ける。

閉鎖的な空間になりがちな ISS の中で、無限に続く空間を創出するため「無限の道」を住環境ユニットをダブルスパイラルにする事で作りだす。宇宙空間という非日常に居ながら地球上の日常的な住居や公園などが広がる。

1. 火星移住計画

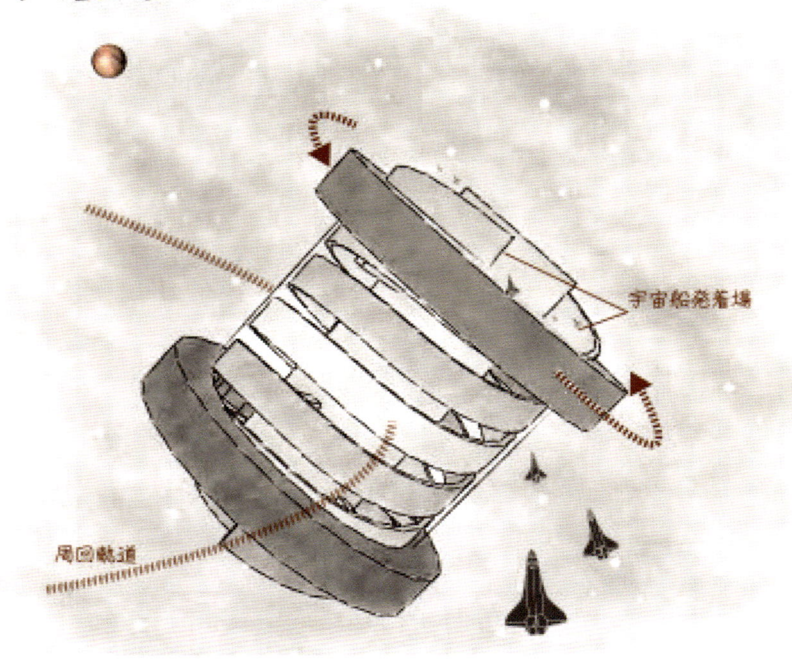

2. 配置計画

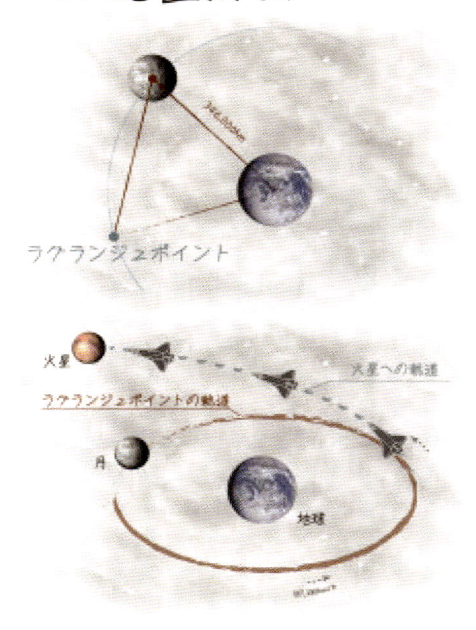

3. 火星環境を廻る無限の道

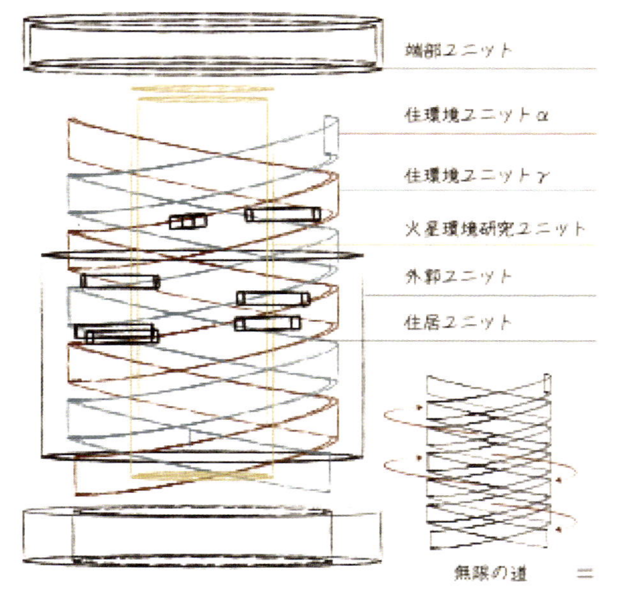

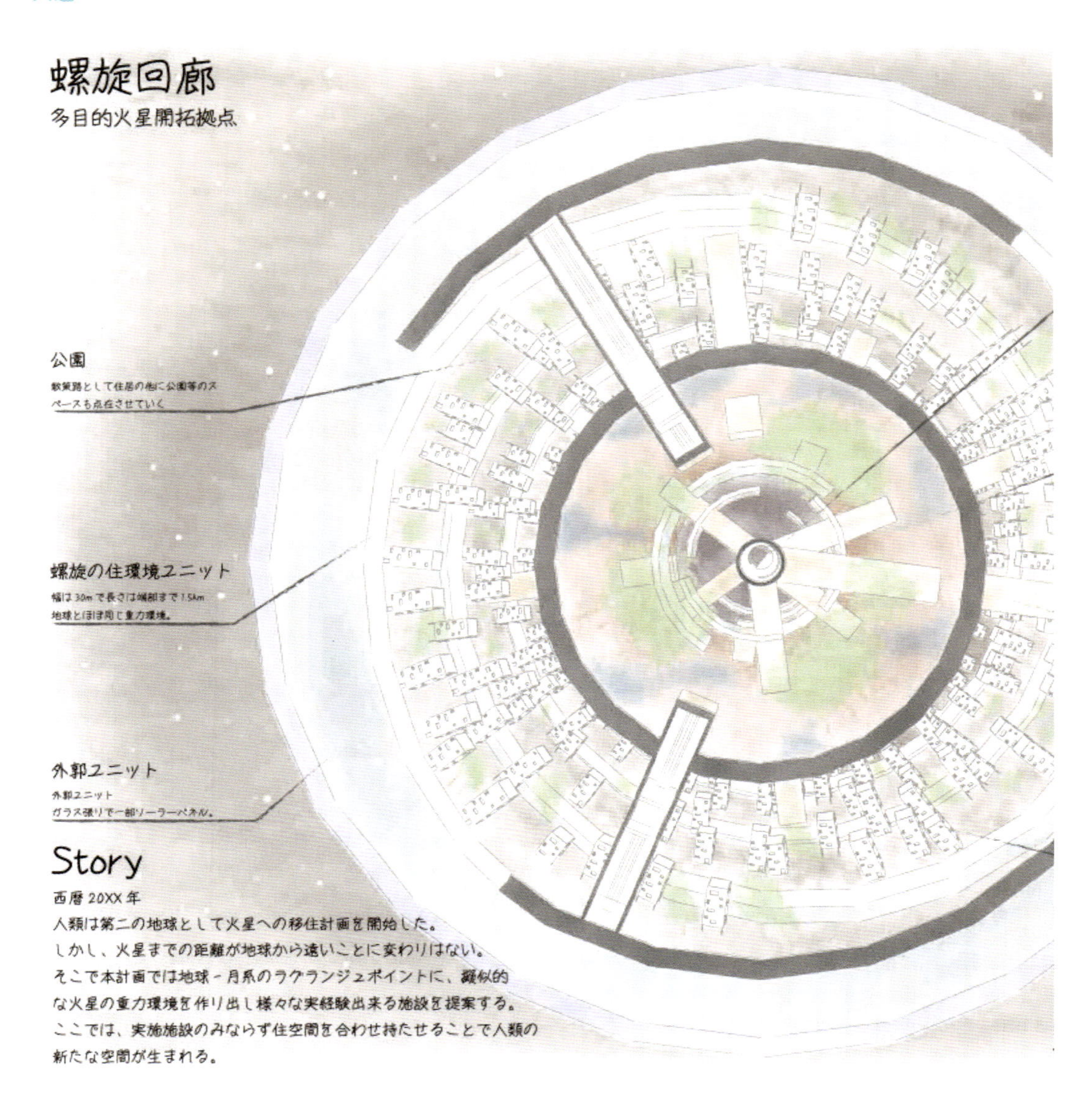

螺旋回廊
多目的火星開拓拠点
公園
散策路として住居の他に公園等のスペースも点在させていく
螺旋の住環境ユニット
幅は30mで長さは端部まで1.5km
地球とほぼ同じ重力環境。
外郭ユニット
外郭ユニット
ガラス張りで一部ソーラーパネル。
Story
西暦20XX年
人類は第二の地球として火星への移住計画を開始した。
しかし、火星までの距離が地球から遠いことに変わりはない。
そこで本計画では地球－月系のラグランジュポイントに、擬似的
な火星の重力環境を作り出し様々な実験出来る施設を提案する。
ここでは、実施施設のみならず住空間を合わせ持たせることで人類の
新たな空間が生まれる。

螺旋回廊

講評

土方拓海　木村翔太　佐々木翔

この作品は、火星移住のための前哨空間のような使われ方をします。回転するこの施設は、全体としてはオニール博士のスペースコロニーのような円筒状の形態となっていますが、ここで注目される点は、内部滞在者の潜在的な意識に配慮した空間デザインをしている点です。円筒状のコロニー内部に螺旋状の仕切りを設けることによって“行き止まり”のないデザインとしています。閉鎖空間に長い期間住むと、さまざまなストレスが発生しますが、3次元的な座標では直ぐ近くの場所を、2次元的な制限のもとに遠い場所に変えています。このことによって、滅多に行くことのない遠い場所が存在している、という不思議な開放感を生み出そうとした興味深い作品です。

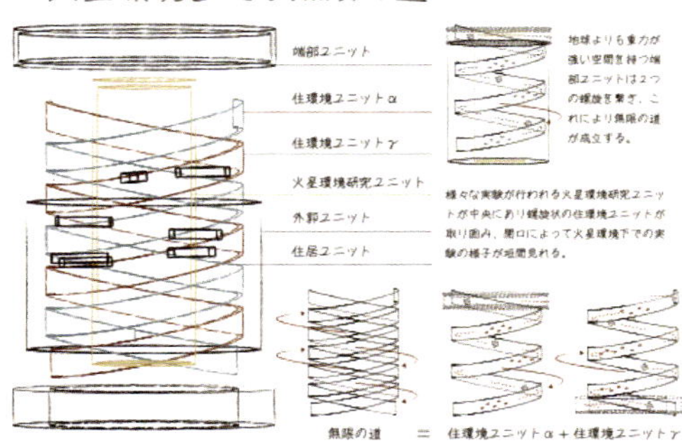

本作品において最も特徴的な部分は、タイトルにある通り「螺旋」の構造を取り入れている点にある。全体の構造自体は古くからあるシリンダー型のものではあるが、製作者らは宇宙建築における閉鎖性からの解放手段として「螺旋」を用いた「回廊」をデザインしている。二つの螺旋の端をつなぎ合わせることで「終わりのない道」=「回廊」を作り出した。これによって、公園や住居施設などの物質的な面だけでなく、開放感という精神的な面でも地球との類似性を得ようとしている。

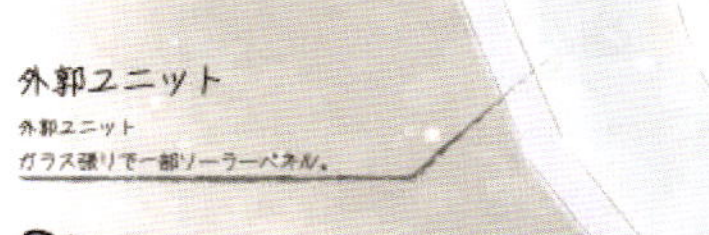

最も注目すべき点として挙げられるのが、その設計背景である。テーマは「宇宙観光」であったが、「螺旋回廊」の立ち位置は観光の要素を交えつつも研究施設としての側面が強い。一般に、巨額の費用がかかる宇宙開発には、そこに投資する理由が求められる。恐らく「観光」という要素だけでは資金が動かないと考え「人類の存亡をかけた研究開発」という要素を強調したのだと推測できる。このことからも、制作者らのリアルさへのこだわりが見える。

最後に、本作品における最大の魅力として“独特のタッチ”が挙げられる。これまでに挙げている特徴として「リアルさ」を追及する指向性が垣間見えるが、作品のタッチは水彩系であり、どこか非日常的な雰囲気を醸しつつも柔らかい印象を与えるものとなっている。こうした見た目の印象は作品コンセプトの鋭さとは対照的だ。正反対の印象を引き立たせることで、味わい深い作品になった。こうしたバランス感覚も本作品の魅力といえるだろう。

宇宙空間では少ないエネルギーで活動しなければならないため、エネルギーの確保、効率的利

表面とクレーター内で環境が劇的に変化する月で暮らすためには採光、温度調節など環境調節をしなければならないが、調整

の光、熱エネルギーを活用する。光熱フィルターがクレーター内の住居コアを緩く照らし、太陽光で温められた

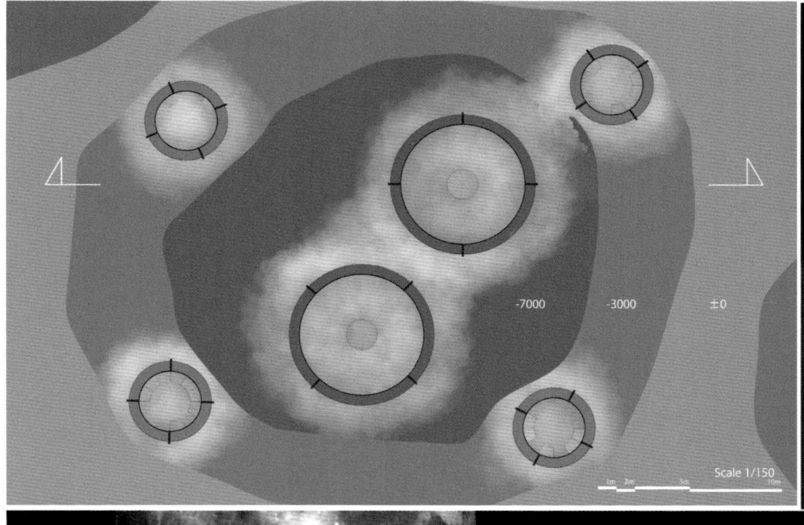

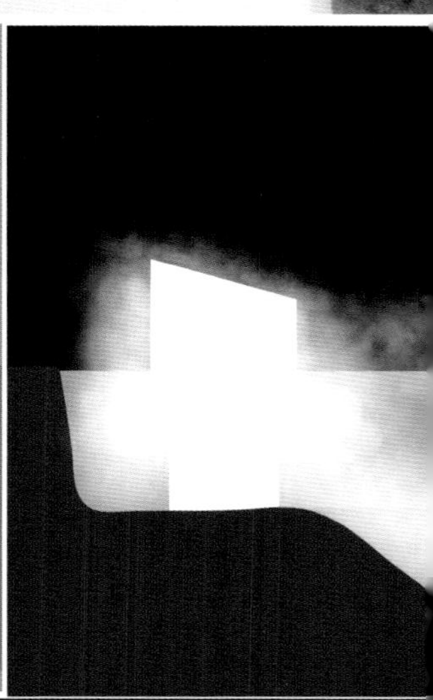

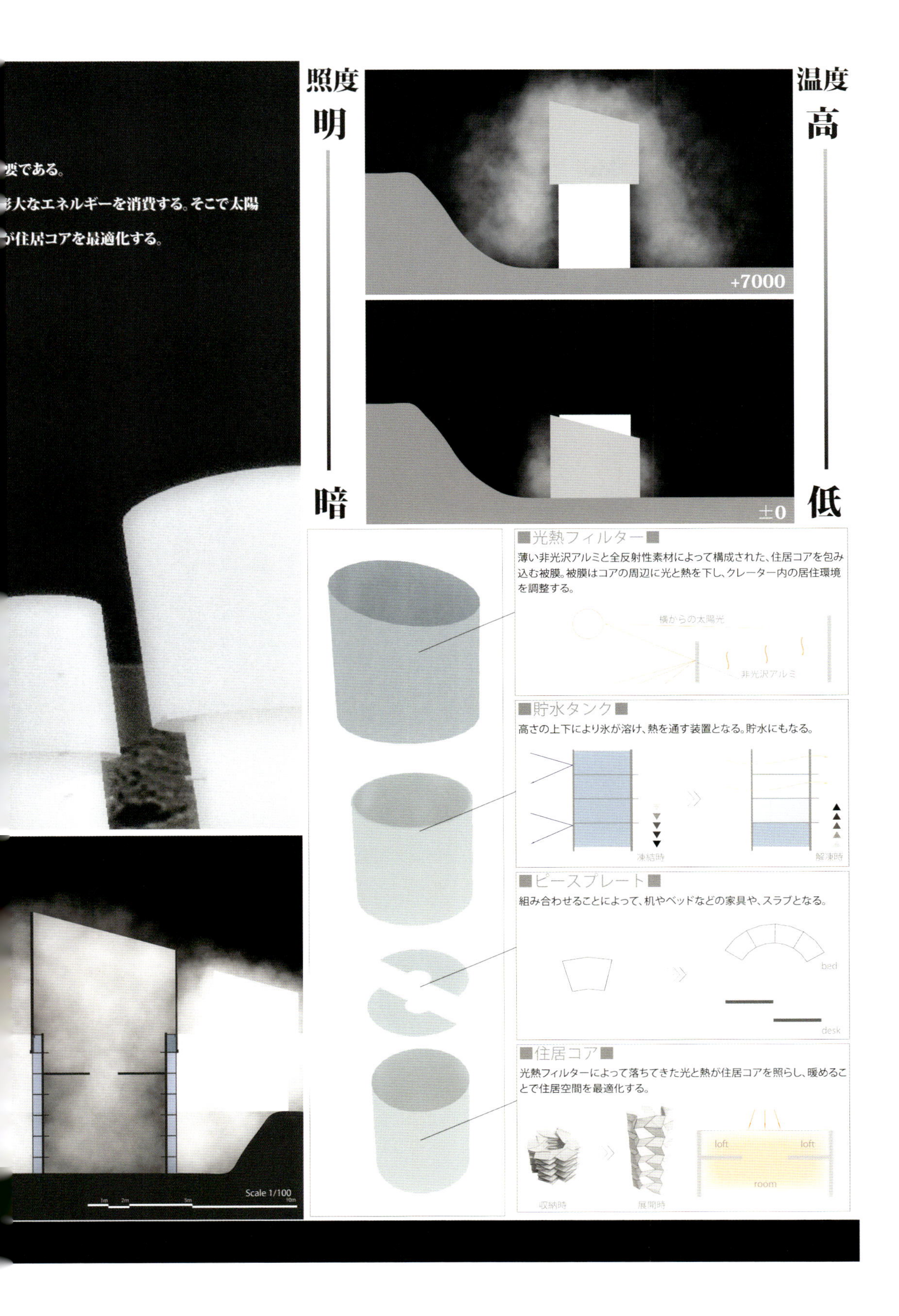
要である。
彡大なエネルギーを消費する。そこで太陽
が住居コアを最適化する。
照度
明
暗
温度
高
低
+7000
±0
■光熱フィルター■
薄い非光沢アルミと全反射性素材によって構成された、住居コアを包み込む被膜。被膜はコアの周辺に光と熱を下し、クレーター内の居住環境を調整する。
横からの太陽光
非光沢アルミ
■貯水タンク■
高さの上下により氷が溶け、熱を通す装置となる。貯水にもなる。
凍結時
解凍時
■ピースプレート■
組み合わせることによって、机やベッドなどの家具や、スラブとなる。
bed
desk
■住居コア■
光熱フィルターによって落ちてきた光と熱が住居コアを照らし、暖めることで住居空間を最適化する。
収納時
展開時
loft
loft
room
Scale 1/100

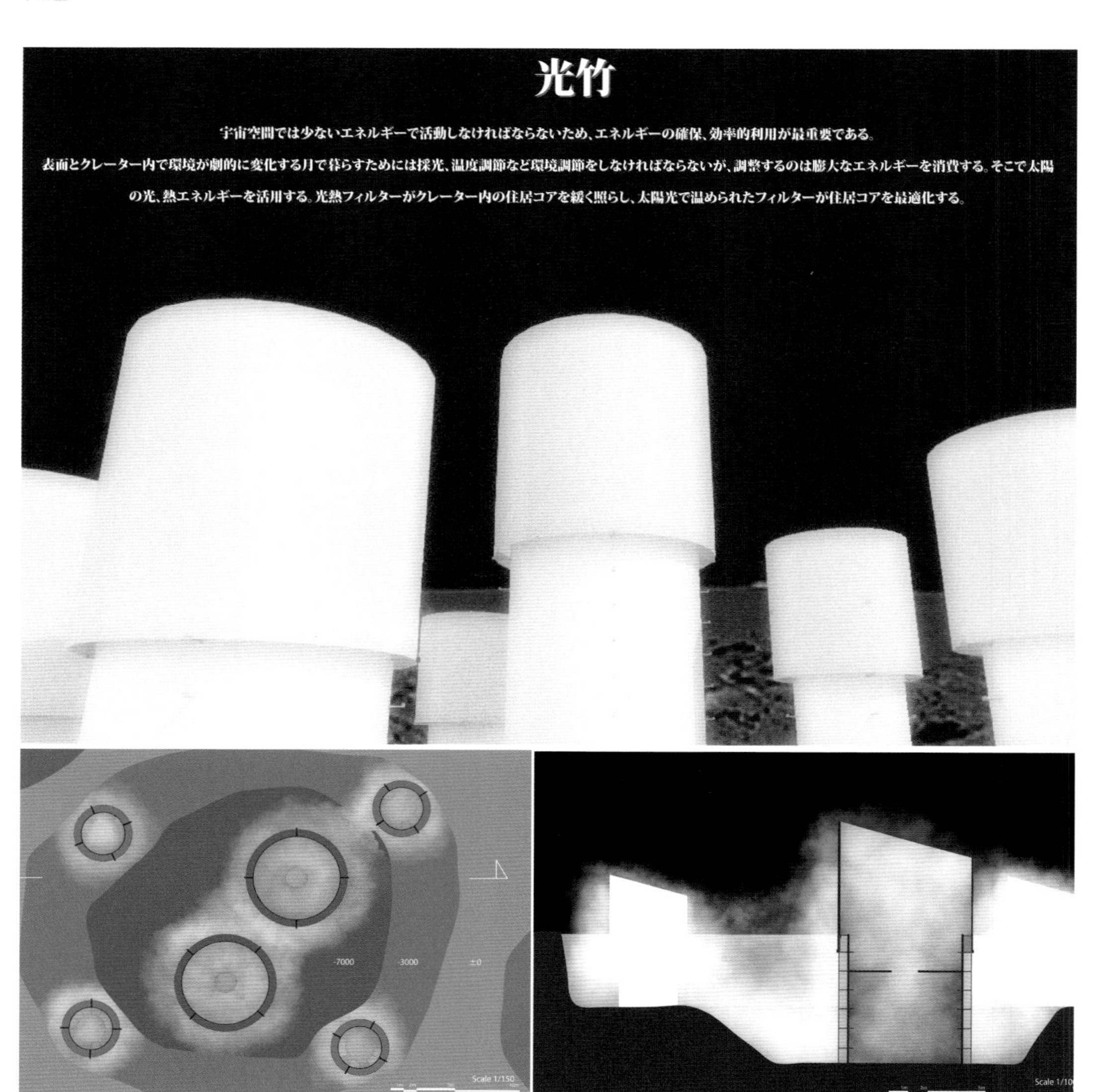

光竹
宇宙空間では少ないエネルギーで活動しなければならないため、エネルギーの確保、効率的利用が最重要である。
表面とクレーター内で環境が劇的に変化する月で暮らすためには採光、温度調節など環境調節をしなければならないが、調整するのは膨大なエネルギーを消費する。そこで太陽の光、熱エネルギーを活用する。光熱フィルターがクレーター内の住居コアを緩く照らし、太陽光で温められたフィルターが住居コアを最適化する。
-7000
-3000
±0
Scale 1/150

光竹

石川雄斗　髙田大暉　森翔馬

講評

現在、少しずつ検討がされ始めた月／極地域のクレーター底の探査計画では、底面部が永久に光の当たらない場所となるため、原子力電池を持たない日本などはその電力確保がひとつのキーになると言われます。一方、極地域でも標高の高い場所に一部太陽光が比較的に当たりやすい場所もあると想定されていて、この光竹の設計のように、ちょうど良い深さと直径のクレーターがある場合には、今回の提案のような使い方ができるかも知れません。筒状の構造物の上下によって熱環境が変わるため、その利用用途に合った使い方ができると、これまでに無かった建築空間ができるでしょう。このアイデアはこれまで宇宙開発のアイデアには無かったものと思います。

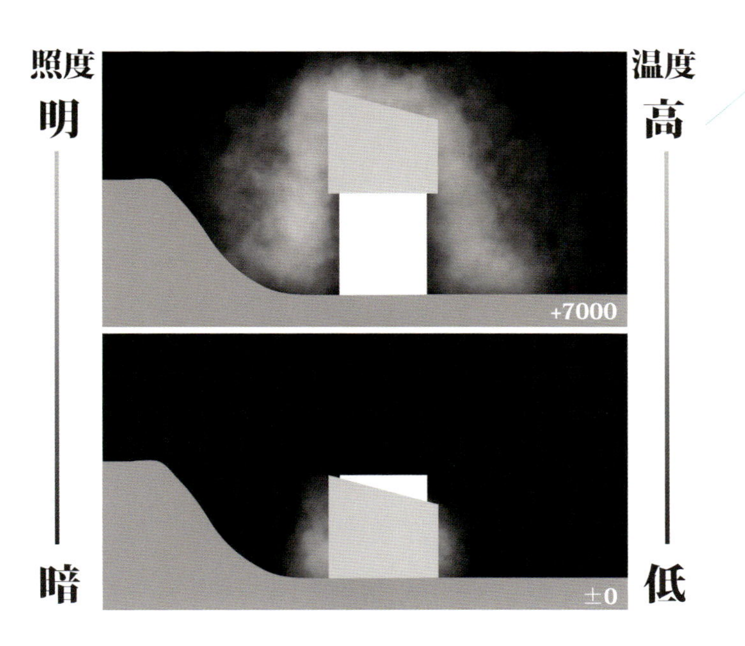

宇宙空間での問題の1つであるエネルギー問題、そして輸送におけるスケールの制限などの問題に対してさまざまなアイデアが盛り込まれている。一つは、太陽の光から得られる熱エネルギーを利用し、採光や温度調節に伴うエネルギー消費を抑えている。

建築物としては、光熱フィルター・貯水タンク・ピースプレート・住居コアの4つの部位によって構成されている。

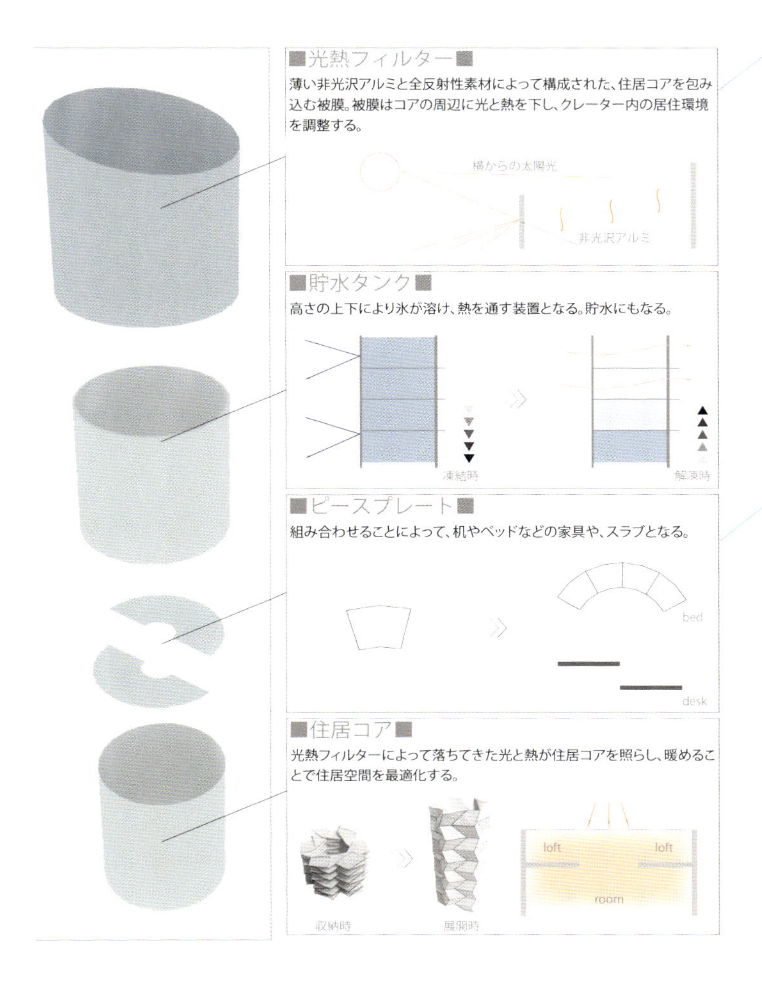

光熱フィルター部分は、光沢アルミと全反射性素材を利用することで、空間内に熱・光エネルギーを送り込んで室内環境をより快適にしている。また、月面環境により貯水タンクにためられた氷を、熱・光エネルギーで溶かして水にする仕組みが考えられている。

全体に軽量な材料を用いることで、輸送費の低減を可能にした。

ロケットのフェアリング部分に部品を搭載して運ぶ場合、重量はもちろんのこと、大きさの制限がある。本作品では、住居モジュールを展開構造物、住宅の間仕切りや家具、スラブ等をパズルのピースのようなもので作り上げているため、宇宙に建築物を建てる際の問題点を解決している。竹のデザインが日本の風合いを出していて、見ている側を和ませてくれることも特徴の一つと言えるだろう。

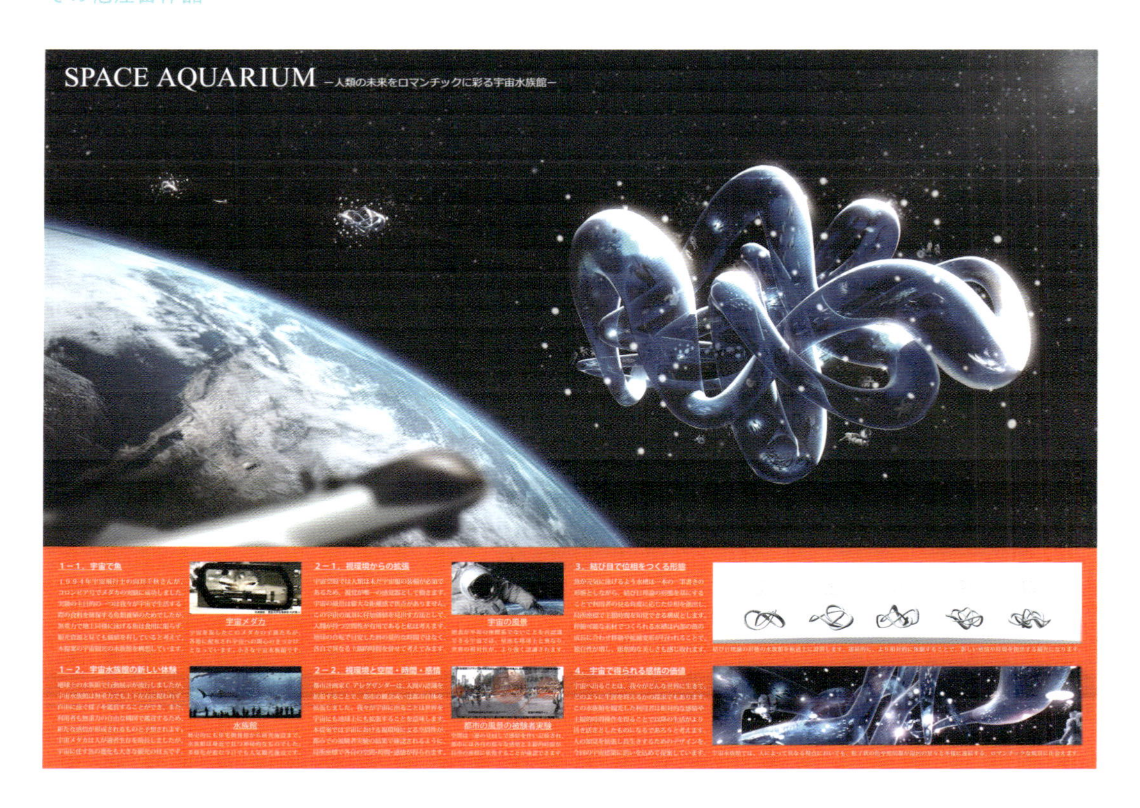
SPACE AQUARIUM ―人類の未来をロマンチックに彩る宇宙水族館―
1－1．宇宙で魚
宇宙メダカ
1－2．宇宙水族館の新しい体験
水族館
2－1．視環境からの拡張
宇宙の風景
2－2．視環境と空間・時間・感情
都市の風景の被験者実験
3．結び目で位相をつくる形態
4．宇宙で得られる感情の価値

宇宙カジノ
☆「さあギリギリの勝負をしようか」
※「1億のBETだ」
◆「代打ちにリスクは関係ないさ」
低軌道上につくるカジノ
高額な渡航費により、参加者は高所得者層に限定される。
地球を見下ろす頂上決戦。
(なお利益は宇宙開発費用・宇宙デブリの除去にあてられる)
宇宙輸送コスト
1tあたり1億円想定
事業性
客室150室・年商300億円を想定
プライバシー
居室以外の隔壁を真空とした
構造
六角形の基本フレームに膜を取り付け
気圧により空間を膨らます。
外装にはアルミを採用した。

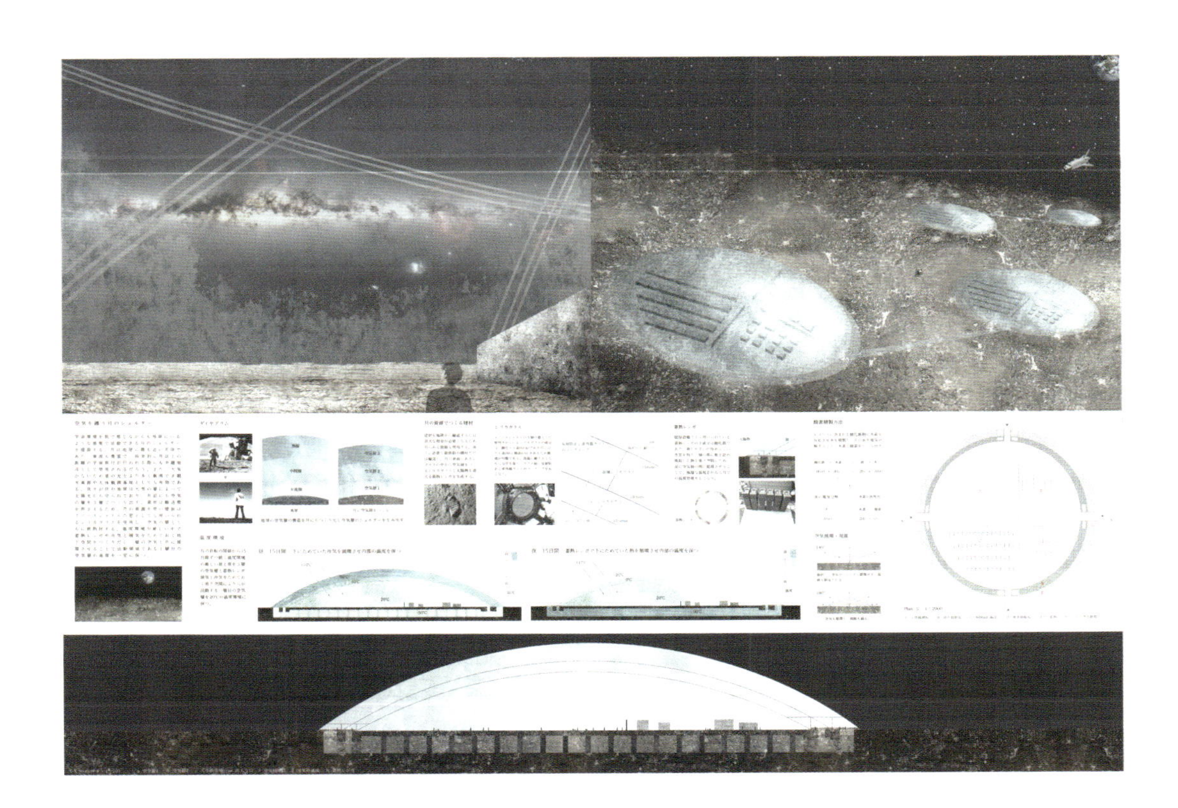

EARTHMUSEUM

月面地球博物館

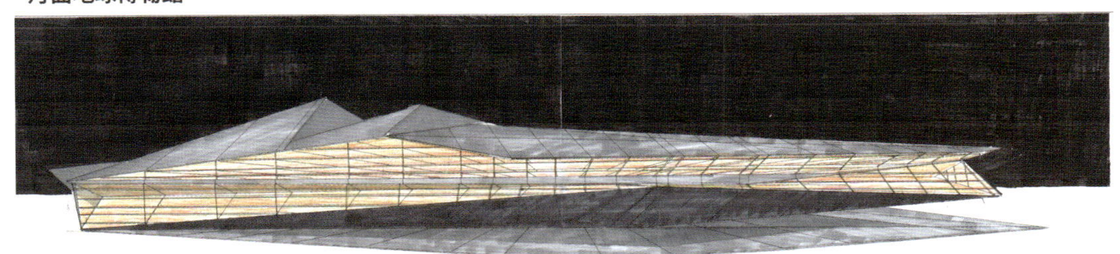

人類が地球を再確認する場所

『ERTHMUSEUM』は芸術から科学までの人類が地球で生み出したものを鑑賞・体験する月面の博物館です。宇宙観光が実現しても宇宙観光客の大半は地球へと戻ると予想しているので、この博物館で地球で生まれた芸術や科学の進歩を今一度体験しながら地球を眺めることでこれからの人類と地球・宇宙とのあり方を考えるきっかけを与え、より良い人類と地球の関係を構築することを目的としています。

建築説明

外観は月の地平線からインスピレーションを受けデザインしました。また月面の景観を配慮して低く設計しました。色は月面の色を採用してます。内部は一続きの廊下のように展示スペースが展開されており、全ての展示スペースから地球を眺めれるように大きく窓を取りました。建築材料は月にあるものを加工し、3Dプリンタのような機械が無人で建設するようになると予想しています。

大貫美鈴
スペースフロンティアファンデーション 宇宙ビジネスコンサルタント。（昔々）バックパッカーで養った旅の技術と体力を頼りにスピード感いっぱいの商業宇宙の動向から目が離せない日々。

対談

大貫 × 大貫

「社会を築く宇宙建築」

大手建築会社で宇宙建築構想に取り組み、その後は世界を行き来して宇宙ビジネスを盛り上げる活動に取り組んでいる大貫美鈴さん。都庁の土木職員として働き、現在は航空宇宙ライターである大貫剛さん。建築・土木と宇宙開発、双方に精通した二人の大貫さんに宇宙建築の現在、そして宇宙建築が築き上げる未来の宇宙社会について語って頂きました。　進行：土谷純一　（2017年7月27日、都内）

大貫剛
東京都庁に技術職職員として11年間勤務後、民間宇宙開発を志して退職。ベンチャーを経て、宇宙開発や前職の経験を生かして公共事業に関する解説などの、情報発信をしている。宇宙作家クラブ会員。

第1回、第2回宇宙建築賞を振り返って

大貫美鈴（以下「鈴」）：2014年におこなわれた第1回宇宙建築賞は「宇宙観光」がテーマでした。44作品もの応募があり、審査でパッと目についたのは「水」をテーマにしたものが多かった点でした。
大貫剛（以下「剛」）：宇宙のように無機質な場所に行って、最初に考えるのは「緑」だと思うのですが、水というのは面白いですね。
鈴：水は宇宙居住に欠かせません。水があるから人は暮らせます。そんな中、結果的に優勝したのはユニークなアイディアやデザインが際立っていた宇宙エレベーター『RELATIVITY IN SPACE』でした。
剛：作品の選考では、比較して評価することがとにかく難しかったです。それぞれ場所も目的も違い過ぎて。
鈴：私も何か基準を持たなければ審査できないと思いました。そこで、発想が面白いのはもちろんなのですが、技術が実現可能性のあるものか、その天体や条件を生かしているか、ランドスケープ[1]はどうか、ポスターとして美しいか、などに着目しました。
剛：作品の数だけ切り口があって面白かったですよね。

1 景観を構成するさまざまな要素

悪く言うと他の点を無視している作品もありました。例えば、CGがすごく綺麗なんだけどコンセプトが弱い、アクティビティが練られているけど構造を考えていない、とか。ただ､バランスが取れているからといって評価が良いかというとそうではないです。特定の方向に突き抜けた作品でいいのだと思います。全てを考慮することは非常に難しいので、ある観点を突き詰めた自由な作品が並ぶからこそ面白く、未来への提案になっています。

鈴：第2回宇宙建築賞のテーマは木星の衛星「ガニメデ」と、第1回とは違って天体が指定されました。第1回の宇宙観光だと遠くても火星くらいだったので地球との関係性を持てることを前提にしていました。そもそも「観光」なので一時滞在に過ぎません。しかし舞台がガニメデになると、地球との関係性がほぼない天体で何のために人類が施設を持つのか、といったところから考える必要があります。さらにガニメデは水の存在をはじめとする物理的環境から人が住めるかもしれないといわれていて、そうした環境を考えて設計された作品が集まりました。

剛：建築や土木は現地で構築するものなので、宇宙船は建築物というよりキャンピングカーや客船でしょう。ガニメデだと、地球から運べる量で何かを組み立てることはできないですね。

鈴：入賞した作品『アスガルド』[2]は、宇宙船の傘をガニメデの地表で広げて機体をそのまま居住空間にするというアイディアでした。

剛：ISSみたいにパーツを一つずつ持っていって組み立てるのは、地球に近いからできることです。ガニメデのように遠くにある天体の場合は、地球か地球周辺で作っておいたアスガルドのような機体をそのまま運ぶ形式が最初の一歩としていいのではないでしょうか。

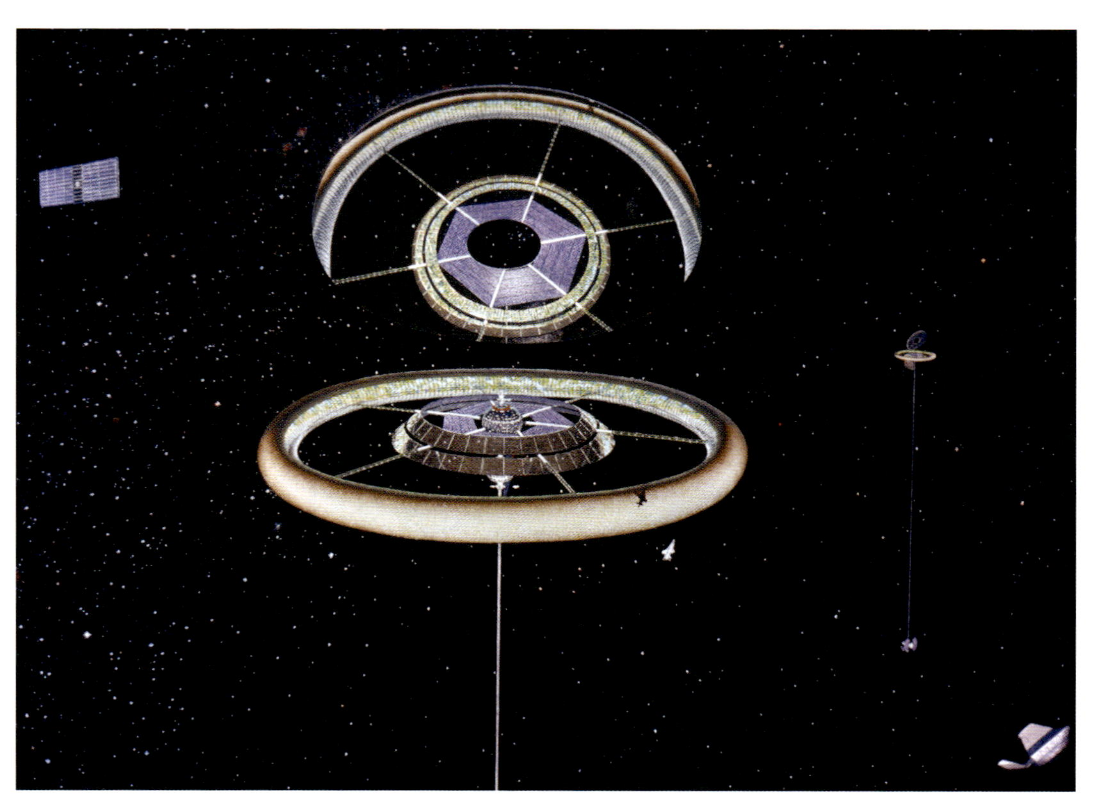

ジェラルド・オニールが提唱したスペースコロニーのイメージ図　©NASA

2 第2回宇宙建築賞TNラボ特別賞受賞作品。詳しくはP64へ

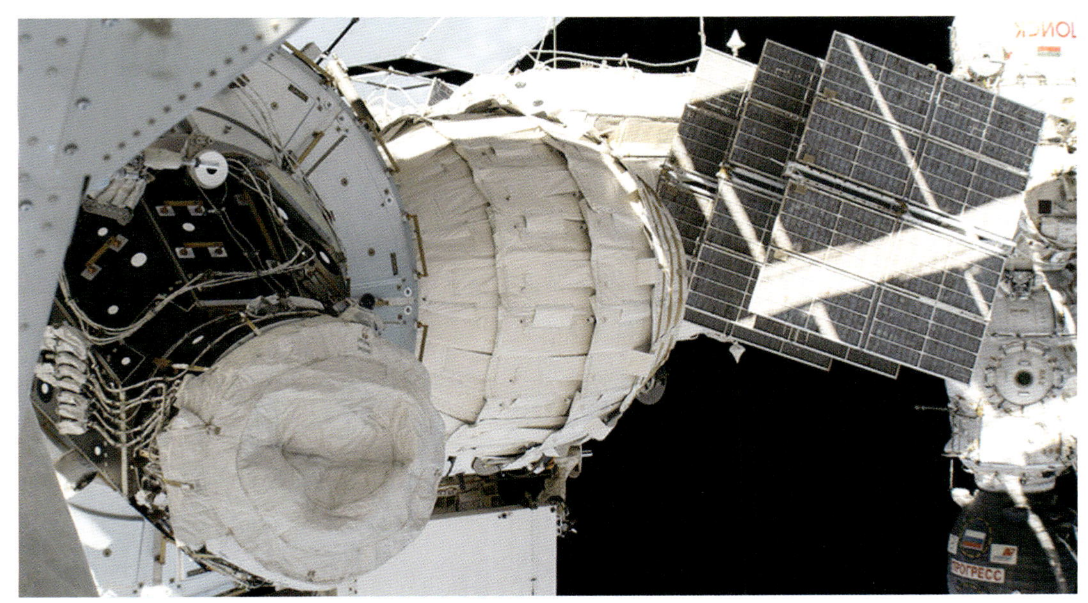
ISSに取り付け、空気を入れて膨らんだ「BEAM」(写真中央)　©NASA

宇宙建築の始まりから現在
〜モジュール、展開、製造〜

鈴：宇宙建築の第一歩として、拠点系と輸送機が必要です。軌道上にある唯一の有人拠点がISS。有人輸送機は「ソユーズ宇宙船」、無人貨物船は補給機「こうのとり」などがあります。
剛：キャンピングカーは移動しますが、トレーラーハウスは基本的に動かさないので建築に近いと思います。ISSはその中間でしょうか。
鈴：ISSはモジュールを組み合わせていったので、その点は建築と言えますね。

鈴：最初に提案された宇宙建築物は1952年にフォン・ブラウンがデザインしたドーナツ型宇宙ステーションです。人間が宇宙に拠点を持つことを示しました。そして、1970年代に物理学者のジェラルド・K・オニールが初めてスペースコロニーを提唱したことで、同時に人類の「移住」が初めて提唱されました。人工重力が導入されていたという点もあり、建築として非常にインパクトがありました。

1998年から組み立てが始まり、2000年から宇宙飛行士が滞在しているISSはモジュール形式です。さらに、2016年から米宇宙ベンチャー、ビゲロー・エアロスペース[3]の膨張式モジュール試験機「BEAM」がISSとドッキングし、試験をおこなっています。BEAMは地上からそのままの大きさで軌道上に運ぶ従来のモジュールとは違い、小さい状態のまま運んで宇宙で膨らませる「インフレータブル」と呼ばれるものです。
剛：そもそもISSがモジュール構造になっているのは宇宙飛行士の船外作業を減らすためです。宇宙で配線や配管をするよりも、地上で完成させたモジュールを打ち上げたほうがずっと効率がいい。インフレータブルだと宇宙飛行士の手間が増えてしまうため、そこは使い分けする必要があります。
鈴：インフレータブルは中央の芯の部分に全ての機能を詰めます。自動展開で膨らますのは何もない空間部分です。
剛：Google mapでISSの内部の様子が見られるようになりました。改めて見てみると、ISSの中は実験機器が密集して並んでいます。しかし、これから人が宇宙で住むとなると、実験をするわけではないので機械

3　米国の宇宙ベンチャー企業。宇宙ホテル事業の実現を目指している。1999年、ホテル経営者のロバート・ビゲローによって設立された。

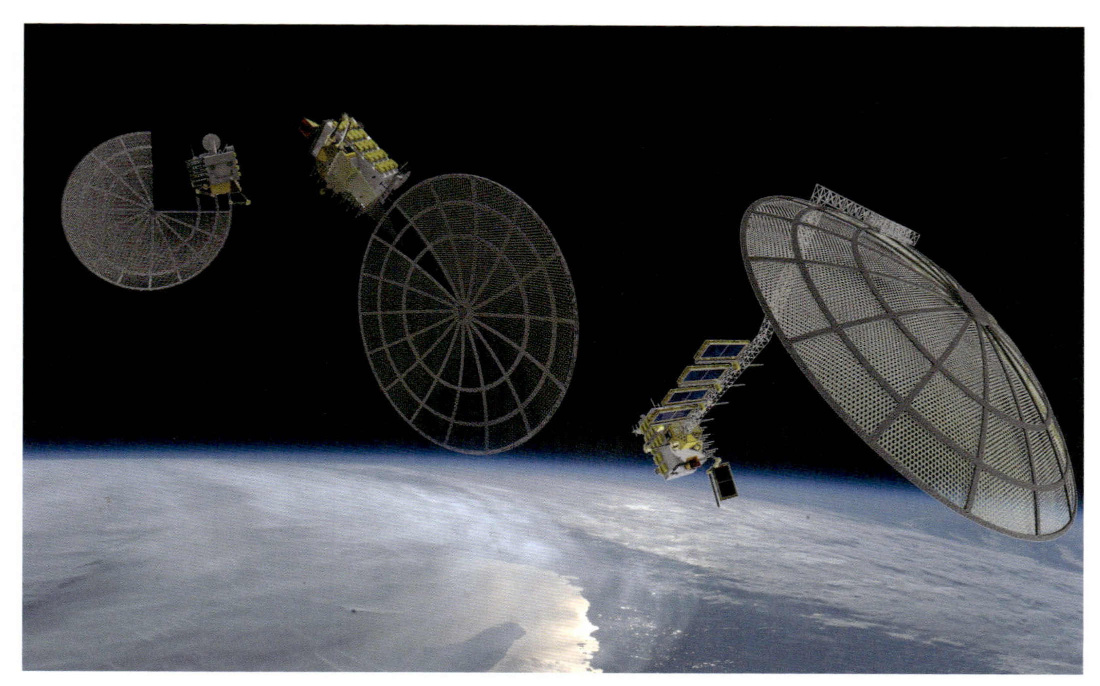

メイドインスペースの3Dプリンティングロボット「アーキノート」のイメージ図　©NASA

の密度は少なくなります。これだとインフレータブルでも可能ですよね。

また、ISSのロシアモジュールや、旧ソ連の宇宙ステーションは潜水艦に似た内部構造で作られています。原子力潜水艦は何か月も潜水したままですが、訓練された乗組員なら平常の精神状態を保つことができる程度のデザインがなされているんですね。居住の場合は誰でもストレスを発散できて心を平常な状態に保てるよう、快適に作らないといけません。そのためにはインフレータブル構造による広い空間も必要になるでしょう。

鈴：インフレータブルとともに注目されているのが「3Dプリンティング」です。2014年、米ベンチャーのメイドインスペースの3DプリンタがISSに持ち込まれ、初の宇宙製造を実現しました。現在、同社は3Dプリントをしながら組み立てることができるロボット「アーキノート」を開発しています。最初から居住空間を作るのではなく、まずは宇宙でも一番組み立てが必要な、通信用の大型アンテナなどの大型宇宙構造物を作ります。

剛：それが実現したら先ほど話した宇宙飛行士の作業が増えてしまう部分を解決できるかもしれません。

宇宙建築・土木で天体上に基地建設／国とベンチャーの計画

鈴：低軌道上で現在さまざまな研究開発や商業化が進んでいますが、各国の機関や民間企業がその先に見ているのは月や火星での居住です。天体ではそこの資源を使える点が軌道上と大きく違います。

剛：月面の土壌から作る「ルナコンクリート」が以前から研究されていますよね。そうすると、コンクリートで構造は作れるけど、内装は地球から持っていかないといけない。地球上の集合住宅に「スケルトン・インフィル」という建築様式があります。まずスケルトン（構造）を作ってそこにインフィル（内装）を入れていく。月面で作る場合も同じようになるでしょうね。

ESAの構想である国際月面拠点「ムーンビレッジ」　©ESA

大きな公共物は建築ではなく土木です。土木は建築よりもはるかに大量な資材を使うため、例えば地上でダムを作る際は近くに石の採れる山を探すところから始まります。強度が低くてかさばりはしますが、大きなものを安く作ることができます。宇宙でも現地調達ができるようになると、重くて精度が低くても多くの材料を使って安全率を大きくとればかえって低コストになります。精密で軽量な機械とは異なる、建築・土木の発想が必要になるはずです。
鈴：また、軌道上だとほぼ0Gですが、天体上だと重力があります。月も火星も地球の重力より小さいですが、重力があるということは建築・土木向きですね。
剛：重力がある惑星表面に着陸・離陸することは非常に大変。最初から火星の表面上ではなくて、周回軌道上の火星ステーションから始めることになりそうです。

鈴：2017年5月、ワシントンで行われた「The Humans to Mars Summit」でNASAがISS後の計画を発表しました。まずは月-地球間の「シスルナ空間」に居住空間を作り、2030年頃に有人火星探査を目指す計画です。最終的な目標は火星着陸ですが、それまでの建造物を天体上には作らない。

その一ヶ月前の4月、NASAは「ディープ・スペース・ゲートウェイ」計画を発表しています。これまで企業とともにNextStep（Next Space Technologies for Exploration Partnerships）というプログラムでモジュール型の宇宙拠点を検討してきたCis-Lunar（月近傍）ステーションや火星周回ステーションをさらに進めた計画です。NASAは最終的に国際宇宙機関や民間とのパートナーシップで火星を目指しています。ESAは、各国の宇宙機関や民間と協力して3Dプリンティングやロボットで月面上に拠点を作る「ムーンビレッジ」を提案しています。最初から天体上の拠点を考えているのがNASAとは違う点です。
剛：NASAが直近で天体への着陸をしないのは、単純に着陸船を持っていないからだと思います。できる範囲で立てられた計画なのでは。そこに目をつけた日本が着陸船を作ろうかと言い出しているわけです。

最初からそうした前提条件を考えていないのが米ベンチャーのスペースX[4]やブルー・オリジン[5]です。全て自分たちで作って飛ばすので、NASAのような制限がありません。

鈴:2017年11月にスペースXの超大型ロケット「ファルコン・ヘビー」が初めて打ち上がる予定です。あのロケットが成功すれば今後の宇宙建築が変わってきますね。

剛:超大型ロケットはいくつか開発されていて、同じくスペースXの火星探査用ロケット「インタープラネタリー・トランスポート・システム(ITS)」(BFR宇宙船)や、ブルー・オリジンの「ニュー・グレン」があります。これらのロケットで大きく変わってくるのは、ロケットの積載重量です。今までのロケットは20トンを運ぶことができたスペースシャトルが基本になっていて、H-II B、アリアン5、長征5号あたりがシャトルとほぼ同じサイズです。

鈴:基本のボリューム感が全く違ってきますよね。そうした超大型ロケットが出てきたのはロケットの技術が進んだからですか?または民間だからできるのでしょうか。

剛:技術でいうと、今までもやろうと思えばできました。現在数多く打ち上げられている衛星は商業衛星と軍事衛星ですよね。重くて20トン程度なので、それより重いものを打ち上げるニーズがありませんでした。スペースXやブルー・オリジンが超大型ロケットを必要としているのは、彼らが未来の「宇宙移住」などを考えているからです。無人の衛星と有人活動では必要な輸送量が桁違いに多くなりますから、有人活動を見据えれば自ずと大きなロケットが必要になります。

移住から考える、宇宙社会を築く宇宙建築

鈴:「移住」という提案は国家からは出ないでしょうね。地球が何らかの危機に陥ったら話は別ですが。たとえそうなっても、何らかの手段で地球を脅かす小惑星の軌道を変えるという方向性がとられるだけであって、移住ではない。宇宙建築という発想も民間からです。

4 米国の宇宙ベンチャー企業。打ち上げサービス事業をおこなっている。2002年、起業家のイーロン・マスクによって設立された。2015年に世界で初めてロケットの垂直着陸による回収に成功した。火星移住を目標としている。

5 米国の宇宙ベンチャー企業。2000年、Amazon.com CEOのジェフ・ベゾスによって設立された。今後、有人宇宙飛行、衛星打ち上げサービスをおこなう予定。2017年、将来の月面開発に向けて、月への配送サービスをおこなう「ブルームーン」を提案した。

「ファルコン・ヘビー」のイメージ図　©SpaceX

剛：国家として利益がないですからね。プロテスタントがヨーロッパからアメリカに移ったのも宗教上の理由で居場所がなくなったからであって、国の政策ではありませんし。

鈴：今までの宇宙開発はGEO[6]やLEO[7]の衛星利用にみられる位置や、無重力など宇宙環境の利用が目的でした。現在は三番目の利用として資源利用も出てきています。移住はさらにその先です。

剛：『銀河鉄道999』[8]では宇宙に突拍子もない社会を持った星々が登場します。しかし、広大な宇宙ではさまざまな社会が点在しててもお互いに干渉しないため、それで成立しています。今の地球はグローバル社会になって多様性が失われてきているために、それを求めて宇宙に移住したいというモチベーションがあるのでは。

鈴：では、現代で新天地を求めて移住するのはどんな人でしょうか……？

剛：“オタク”ですかね。地上の居心地が悪くて、新しいことを始めたくてもしがらみのせいでできないと思っているオタク的な発想を持つ人たちが移住計画の先頭に立つのではないでしょうか。イーロン・マスクもそういう人だと思えます。

鈴：当たり前ではありますが、移住の話まで出てくるのは宇宙「建築」で有人だからなんですよね。建築があるから人類は宇宙に移住できるわけで、建築は人類と宇宙をつないでいるといえます。

剛：建物はコミュニティそのものです。「家族」という言葉があるように、一つの建物に住んでるから家族なので、建物とコミュニティはそもそも一体です。

　土木も同じで、道路や鉄道があるとそこにコミュニティができます。コミュニティができると、さらに新しいインフラが必要になり、また新たにコミュニティができる……という繰り返しで社会は構成されていきます。

鈴：建築とか土木も、有人になったときに出てくる要素ですね。今までの宇宙開発のように工学だけには収まらない。

剛：月の資源利用がどう経済に役立つかという時点では、あくまで地球上の社会の話をしているに過ぎません。移住とは全く違う。

ISSには実験という目的があるのでそれを優先した機械の作りですが、建築になると人の暮らしを先に考えます。このようにどんな建築・インフラが必要なのかと考えることは社会そのものを考えることになります。

鈴：イーロン・マスクは人類が複数の惑星に住むことを目指しています。ジェフ・ベゾスは百万人が宇宙に住んで働く社会。月面「基地」ではなく月面「経済開発」を目指していると発言しています。そこにあるのは冒険をしたいというより、宇宙に暮らしたいという思いです。

剛：田舎に別荘を買うのと同じ感覚で月や火星に引っ越すことが可能になれば、経済活動として人が宇宙に行くようになります。その時こそが宇宙社会の幕開けですね。

---

6 静止軌道。高度約36,000km。この軌道にある衛星は地球上から見ると止まっているように見える。

7 低軌道。高度2,000km以下の地球周回軌道のこと。

8 松本零士のSF漫画。1978年から81年にかけてテレビアニメが放送され、アニメ映画も制作された。主人公・星野鉄郎が機械の体を得ることができる星を目指して銀河鉄道に乗り込み、謎の美女メーテルとともに宇宙を旅する。

第2回

宇宙建築賞　入賞作品

2nd SPACE ARCHITECTURAL AWARD

第2回　宇宙建築賞

課題　～木星の月～

2015年3月12日、NASAは木星の衛星「ガニメデ」の地下に、地球よりも豊富な海が存在する可能性が高いことを報じた。ガニメデの真相はまだまだ不明な点も多いのであるが、これまでの宇宙科学における発見の中でも、大きなエポックとなる可能性を秘めている。

本設計では、木星の３番目の衛星であるこのガニメデに、何らかの有益な宇宙施設の提案を行ってほしい。これまで、地上と宇宙空間を繋ぐ場所、微小重力空間、あるいは月面などの空間についてたくさんの提案が行われてきた。しかしながら、このガニメデのような空間的特徴を生かした提案というものは少なく、未来の私たちの進路を拓く上で未知なる提案が行われる可能性がある。

この太陽系において、地球以外の場所で豊かな水を手にする私たちに、どのような未来が待ち受けているのだろうか。

募集期間：　平成27年10月22日～平成27年10月29日（必着）
参加資格：　不問。
設計条件：　人類の未来にとって有益な施設を設計する。
敷地条件：　ガニメデ、あるいはその近傍で任意に設定可とする。敷地に関し不明な点は、各自が想定可とする。
要求図面：　Ａ１用紙１枚に設計趣旨、平面、立面、断面図、パース（模型写真、３次元ＣＧなど）をレイアウトする（パネル化はしないこと）。縮尺は自由とする。Ａ１用紙の裏に、①住所、②氏名、③年齢、④所属、⑤電話番号、⑥メールアドレスを明記すること。また提出するＡ１のデータをＰＤＦにし、CDに入れて同封すること。
*CDに同封するデータを、どうしても準備できないものは、審査時に必要に応じ対応を検討する。
発　　表：　平成27年12月下旬頃、入賞者本人に直接連絡するとともに、下記ホームページにて公開する。
http://homepage3.nifty.com/arch2003/TNLAB15.html
審査委員：　川口淳一郎（宇宙航空研究開発機構教授・小惑星探査機はやぶさPM）／ 審査委員長
中村陽一　（立教大学２１世紀社会デザイン研究科教授）
大貫美鈴　（スペースフロンティアファンデーション・アジアリエゾン代表）
寺薗淳也　（会津大学先端情報科学研究センター准教授）
特別協力：　山崎直子（宇宙飛行士）
キュレーター：十亀昭人（東海大学工学部建築学科准教授）
表　　彰：　最優秀賞－１名（賞状、賞金１０万円）、入賞－若干名（賞状、記念品）
＊入賞作品は、夏休み期間中などに今治市大三島に伊東豊雄氏と伊東建築塾がオープンさせた「みんなの家」での公開展示が予定されています。
提出宛先：　〒259－1292　神奈川県平塚市北金目４－１－１　東海大学工学部建築学科 十亀研究室 内
主　　催：　TNラボ、宇宙建築の会
協　　賛：　旭化成ホームズ株式会社
協　　力：　NPOこれからの建築を考える 伊東建築塾、TELSTAR
備　　考：　各種発表、展示に関する権利は主催者が保有するものとし、募集要項に記載された事項以外について取り決める必要が生じた場合は、主催者の判断により決定する。

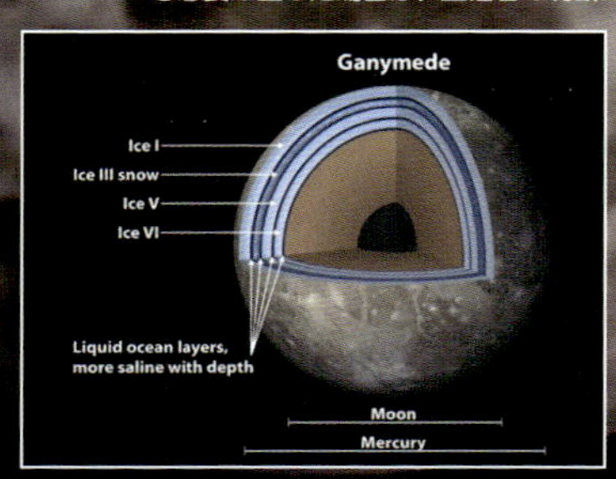

ガニメデ内部の想像図

（画像提供：NASA）

第2回宇宙建築賞総評

川口淳一郎
（JAXAシニアフェロー／教授）

今回、テーマが木星4大衛星の1つであるガニメデだったということで、応募された方々にとっても難題だったのでなかろうか。
審査にあたって私は、次の4つの点について評価をさせていただいた。Aガニメデらしさ、B技術的な発想、C美しさ、D建築としての魅力である。
「ガニメデらしさ」は、少なくても本コンテストの課題でもあり、それに対応した作品が期待されたのであるが、難しかったとみえて、ガニメデでなくてもよいのでは？、他の外惑星衛星で同じことでないか？といった印象を受けた作品も少なくなかった。地熱の利用をとりあげる作品は多くなかった。水氷と酸素の存在、そして氷下の水の存在が告げるように、衛星深部からの熱の入力が鍵ではなかったかと思う。外惑星や中規模の惑星級の天体の共通点を訴えるだけで終わってほしくなかった。
「技術的発想」については、Aの観点でも述べたが、（特有型）として、水、酸素、地熱を活かした作品があった一方で、（共通型）と括るべきかもしれないが、原子力、マイクロ波送電、バッテリーの使用が語られるだけの未来作品が少なくなかったことが、少し残念であった。ガニメデ環境の活用を積極的にはかった例としては、氷を建材として温室を作ることや、水の表面張力を利用した吸水、あるいは地熱を利用したエネルギーの確保を掲げた作品があったことは、ありがたかった。
作品には、それなりの「美しさ」を求めたかったところで、ある種のSFのもつ魅力、不合理さゆえの魅力を感じるいくつかの作品があり、これは収穫であった。残念に思うのは、せっかくの作品ながら、台紙の紙質の貧弱さゆえに、価値を発揮できていなかった作品があったことで、ぜひ、次回にはこの点にも配慮がほしい。
「建築としての魅力」から述べれば、意外にも、建築ではないものも多かったと言える。ふつうの建物で何でもないものや、建築としての魅力が少ない作品、奇を衒う作品も見受けられた。いわゆるSFの世界を描くことも確かに重要な面ではあるが、このコンテストの主旨に照らした工夫がほしかったところである。
最優秀を受賞した作品は、何といっても、ガニメデらしい環境を利用した作品となっていて、水があり氷を建材として使える利点を活かし、かつ酸素が存在するという特徴をふまえて、温室を供給することで、生命体、植物を維持する方向を志向した作品となっている。言うまでもなく、氷による建築、造形は美しく、建築の美をうかがえる佳作であった。受賞者の今後のますますの活躍を期待したい。

無題

CONCEPT

ガニメデは、地表の氷によって閉じ込められた特殊な構造である。【氷→海→マントル】海は氷の地表によって宇宙の外圧より守られている。
そのガニメデの特殊な構造を模したミニチュアモデルを模した考案する。【氷の壁→水の膜→プラント】それは、氷の地表を膨らますかのように地上に浮かび立つ。

まず、ガニメデの地下の海から汲み上げた水によって氷の壁を生成。氷の壁はガニメデの過酷な環境より保護する。そして保護された氷の壁の内部に温水の膜を張り、
植物が生殖可能な環境を創設する。

人工物中心ではなく、その土地の資源を主な材料として宇宙建築を計画することが今後重要であると考える。本計画ではガニメデに存在する資源で、生物が生殖可能な空間を実現出来るかの挑戦である。

はじめは小さな植物を植え付け、光合成と生物サイクルによって繁殖と進化を促す。

Mega Biosphere

木星の潮汐力によっ盛り上がる地表
地下の海水によって膨らむ林構

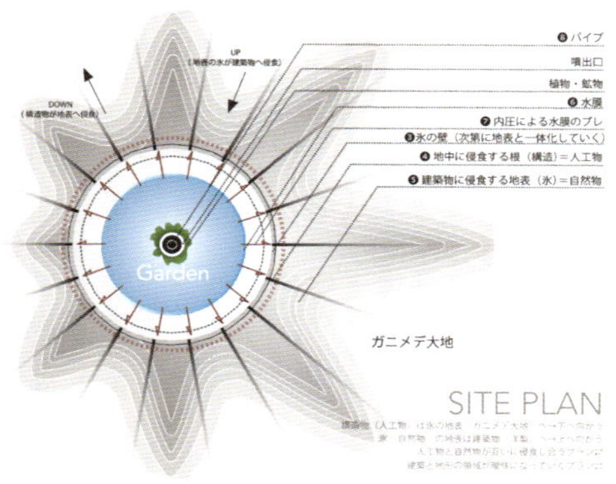

SYSTEM PLAN

❶パイプ（梁を含む）
・地下水源より海水を汲み上げる
・噴出口を支える柱
・生物（雪氷藻類）にとって誘拐な武士いつを取り除くため海水を清水に濾過。
・生殖域の温熱環境を保持するため、汲み上げた水を高温水化。

❷噴出口
・パイプより伝わってきた水を噴出しもーメンタムカラム制御盤へ伝達。
・水膜の流れを促しフォルムを整える。
・植生域に生息する植物、微生物、鉱物が取り巻くための「軸棒」。
・空気生成に執拗な物質を散布。

❸水膜
・パイプ及び噴出口より伝えられた高温水によって植生域の温熱環境を整える。
・零れ落ちる水滴が植生域プランとの光合成に必要な材料となる。

❹モーメンタムカラム制御盤
・噴出口より湧き出る水を質量保存則の系に捉えて楕円状に永久か移転させることで、植生域の温熱環境のための「水の膜」を創り出す。

❺氷殻（半透明）
・ガニメデの過酷な環境（外圧）より内部水膜及び植生域を保護すつ。

❻レンズ（透明）
・植生プラント光合成に執拗な太陽光を取り入れる。
（部分的に溜まった空気を抜き外気を取り入れる「口」を設置）

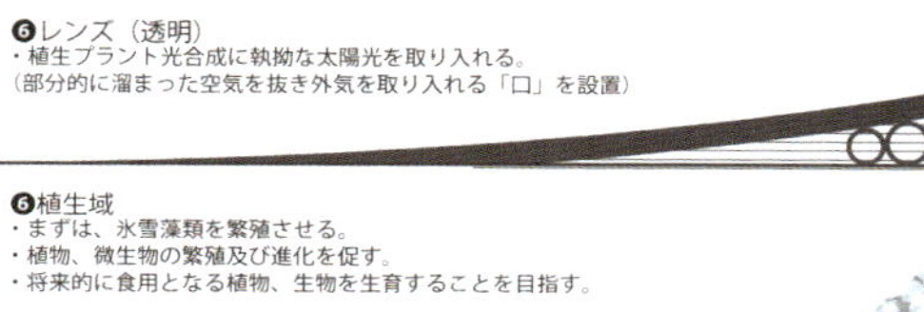

❻植生域
・まずは、氷雪藻類を繁殖させる。
・植物、微生物の繁殖及び進化を促す。
・将来的に食用となる植物、生物を生育することを目指す。

①氷の岩の表面の凹凸や穴に、モーメンタムカラムから漏れだした水をキャッチする。

②水泡の中には雪氷藻類が生息する。

・雪氷藻類とは。。。
生態系の底辺をなす低次生態系がある。その中でも北極海の環境に上手く適応し、生息している雪氷藻類に着目した。海洋植物の中でも適応能力が高く、雪氷藻類は、不思議なことに０度付近でも繁殖が可能な藻類なのである。

③氷の岩の中の水の塊が振動（ガニメデの振動、風による振動）によって、雪氷藻類を含んだ水泡は放出される。

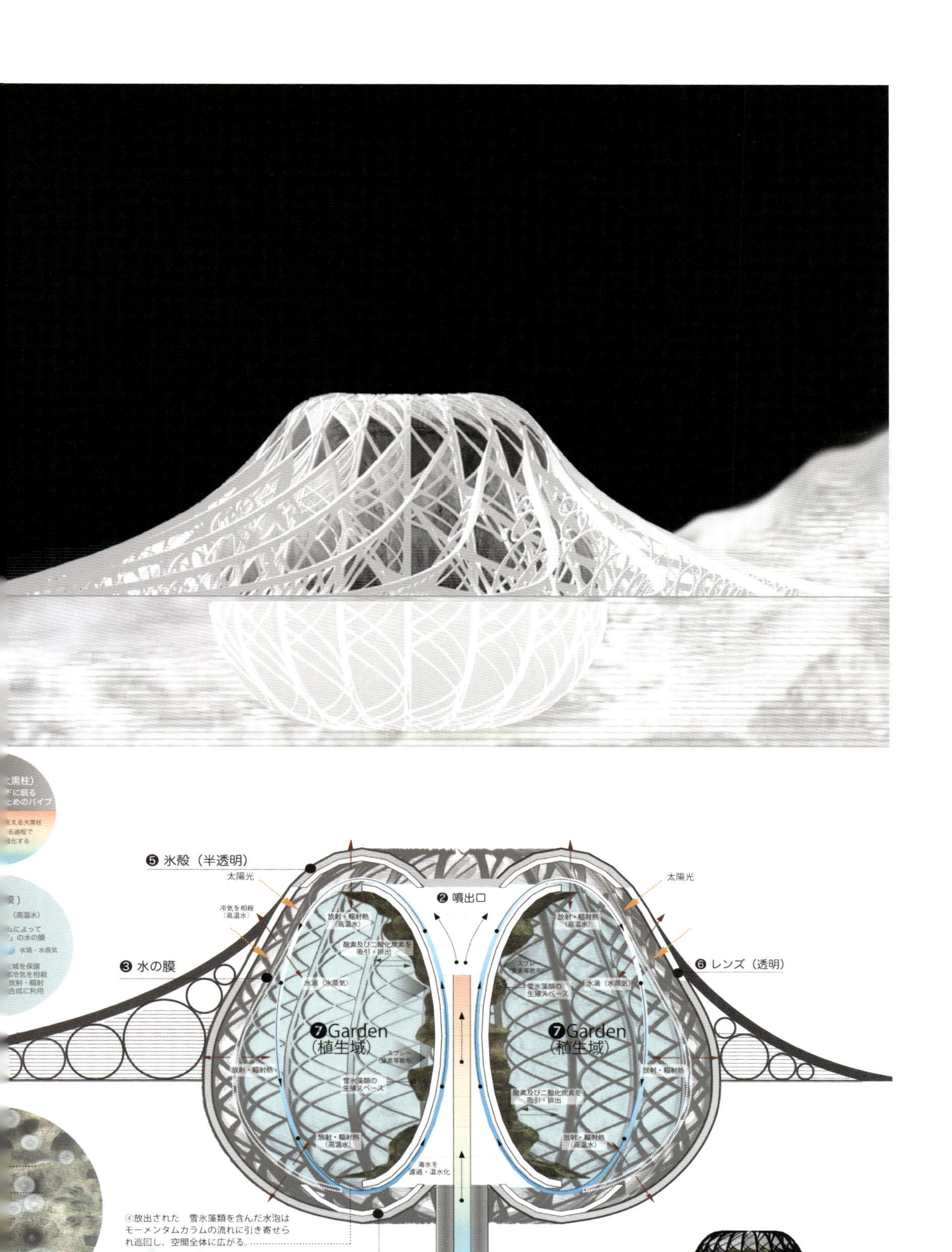
❺ 氷殻（半透明）
太陽光
冷気を相殺
（高温水）
❷ 噴出口
放射・輻射熱
（高温水）
酸素及び二酸化炭素を
吸引・排出
水滴（水蒸気）
❸ 水の膜
❼Garden
（植生域）
スプレー
雪氷藻類の
生殖スペース
放射・輻射熱
放射・輻射熱
（高温水）
海水を
濾過・温水化
太陽光
❻ レンズ（透明）
放射・輻射熱
（高温水）
スプレー
雪氷藻類の
生殖スペース
水滴（水蒸気）
❼Garden
（植生域）
放射・輻射熱
酸素及び二酸化炭素を
吸引・排出
放射・輻射熱
（高温水）
④放出された　雪氷藻類を含んだ水泡は
モーメンタムカラムの流れに引き寄せら
れ巡回し、空間全体に広がる。
❶ パイプ
❹ モーメンタムカラム制御盤

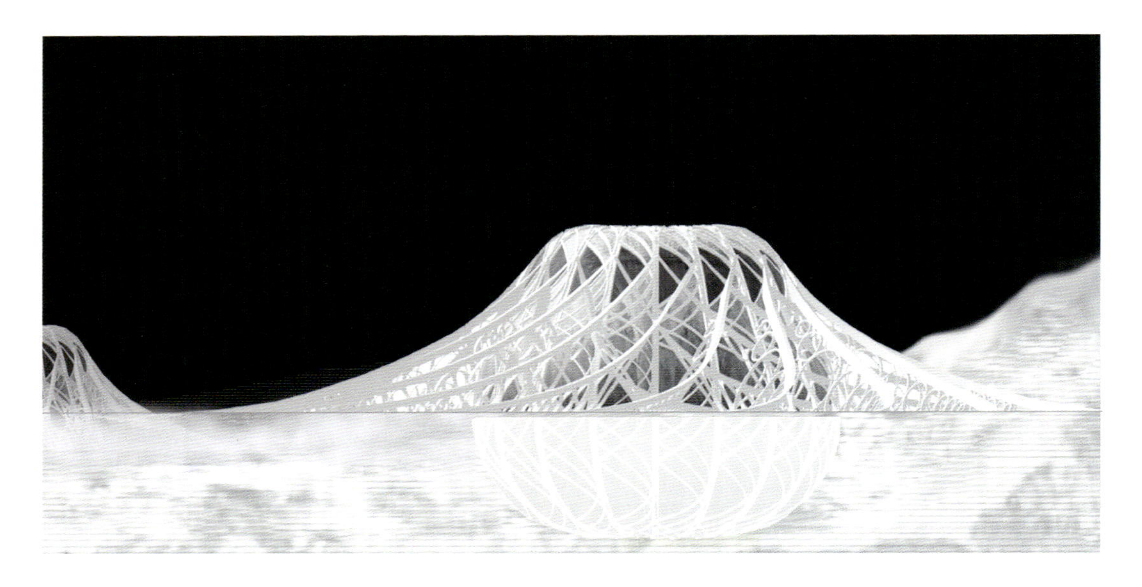

CONCEPT

木星の潮汐力によっ盛り上がる地表
地下の海水によって膨らむ林檎

ガニメデは、地表の氷によって閉じ込められた特殊な構造である。【氷→海→マントル】海は氷の地表によって宇宙の外圧より守られている。
そのガニメデの特殊な構造を模したミニチュアモデルを模した考案する。【氷の壁→水の膜→プラント】それは、氷の地表を膨らますかのように地上に浮かび立つ。

まず、ガニメデの地下の海から汲み上げた水によって氷の壁を生成。氷の壁はガニメデの過酷な環境より保護する。そして保護された氷の壁の内部に温水の膜を張り、
植物が生殖可能な環境を創設する。

人工物中心ではなく、その土地の資源を主な材料として宇宙建築を計画することが今後重要であると考える。本計画ではガニメデに存在する資源で、生物が生殖可能な空間を実現出来るかの挑戦である。

無題

講評

立川愛弥子

建築は美しくなければならないと思います。宇宙建築賞という半分は建築の名を冠した設計コンペティションであるため、この賞においてもその点は重要視されるべきと思います。この最優秀賞の立川氏の案は、同氏の第1回宇宙建築賞の入選作よりもその点で格段に良くなっていると感じました。もちろん技術面やその他、さまざまなバランスを見て審査はされますが、今回はプレゼンテーションの素晴らしさ、第一印象で一歩抜け出していました。その上で、氷を利用した構築システムの提案、そこに拡がる植生域の提案などをひとつひとつ吟味し設計をまとめあげています。2年越しのチャレンジでありましたが、最優秀賞の獲得、本当におめでとうございました。

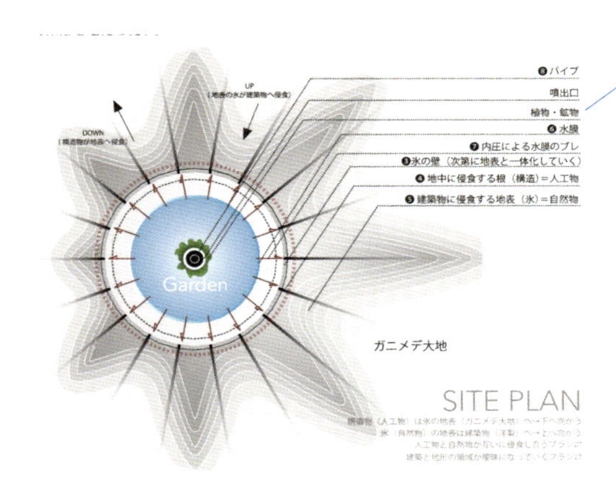

多くの水が存在しているとされるガニメデの一部であるかのような印象を与えるデザインであり、まるで生き物のようにその地に根付いていく理想的な構造物である。
まず、ガニメデ地下深くの水を、埋め込んだ一本のパイプで組み上げる。そのパイプから噴出した水は大きな噴水のように噴き出し、「モーメンタムカラム制御盤」による調整で氷の壁を形成する。氷の壁に沿うように地下から組み上げ温めた水を循環させることで、植物が生存できる環境を作る。

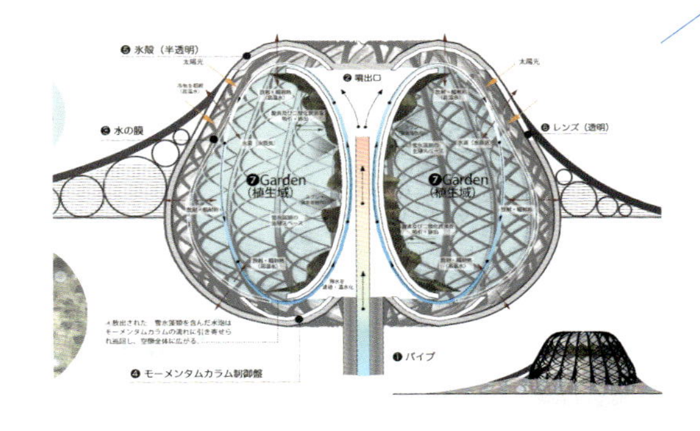

本作品では人工物をほとんど使用しておらず、自然をそのまま利用して生き物を繁殖させようとしている。この考え方は非常に合理的で、その土地にはその土地ならではの最適な材料と形態が生まれることが多く、人工的に作り上げたものを馴染ませることは難しい。少し人工の力を加えれば、光や水、植物の力で形作られ、それらの力で維持される。その土地に長く生きれるもの、適合するものを作るという意味では、できるだけ自然に作られたものである必要があるだろう。

❻植生域
・まずは、氷雪藻類を繁殖させる。
・植物、微生物の繁殖及び進化を促す。
・将来的に食用となる植物、生物を生育することを目指す。

①氷の岩の表面の凹凸や穴に、モーメンタムカラムから漏れだした水をキャッチする。

②水泡の中には雪氷藻類が生息する。

・雪氷藻類とは。。。
生態系の底辺をなす低次生態系がある。その中でも北極海の環境に上手く適応し、生息している雪氷藻類に着目した。海洋植物の中でも適応能力が高く、雪氷藻類は、不思議なことに0度付近でも繁殖が可能な藻類なのである。

③氷の岩の中の水の塊が振動（ガニメデの振動、風による振動）によって、雪氷藻類を含んだ水泡は放出される。

Garden

生き物の中でも、雪氷藻類の繁殖を考えている。雪氷藻類は摂氏0度近くでも生殖できる植物であり、非常に生命力が高いことからここでの利用が考えられている。本作品は他の星を地球人が住みやすい環境に変える「テラフォーミング」の考え方に近いが、非常に環境への配慮がされている。無理なく、自然とともに作り出す生活環境だといえるだろう。

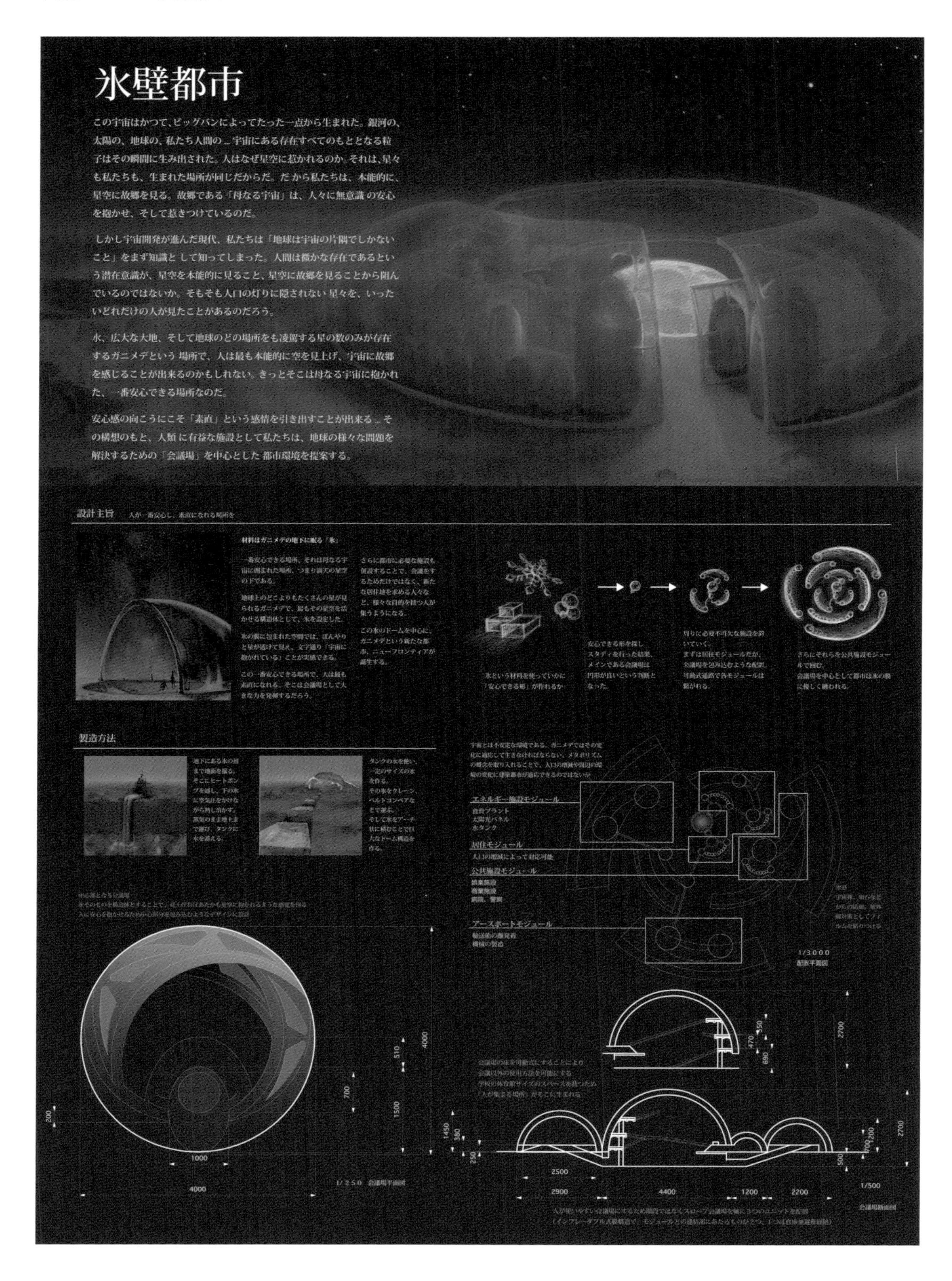
氷壁都市
この宇宙はかつて、ビッグバンによってたった一点から生まれた。銀河の、太陽の、地球の、私たち人間の…宇宙にある存在すべてのもととなる粒子はその瞬間に生み出された。人はなぜ星空に惹かれるのか。それは、星々も私たちも、生まれた場所が同じだからだ。だから私たちは、本能的に、星空に故郷を見る。故郷である「母なる宇宙」は、人々に無意識の安心を抱かせ、そして惹きつけているのだ。
しかし宇宙開発が進んだ現代、私たちは「地球は宇宙の片隅でしかないこと」をまず知識として知ってしまった。人間は微かな存在であるという潜在意識が、星空を本能的に見ること、星空に故郷を見ることから阻んでいるのではないか。そもそも人口の灯りに隠されない星々を、いったいどれだけの人が見たことがあるのだろう。
氷、広大な大地、そして地球のどの場所をも凌駕する星の数のみが存在するガニメデという場所で、人は最も本能的に空を見上げ、宇宙に故郷を感じることが出来るのかもしれない。きっとそこは母なる宇宙に抱かれた、一番安心できる場所なのだ。
安心感の向こうにこそ「素直」という感情を引き出すことが出来る…その構想のもと、人類に有益な施設として私たちは、地球の様々な問題を解決するための「会議場」を中心とした都市環境を提案する。
設計主旨
材料はガニメデの地下に眠る「氷」
一番安心できる場所、それは母なる宇宙に囲まれた場所、つまり満天の星空の下である。
地球上のどこよりもたくさんの星が見られるガニメデで、最もその星空を活かせる構造体として、氷を設定した。
氷の膜に包まれた空間では、ぼんやりと星が透けて見え、文字通り「宇宙に抱かれている」ことが実感できる。
この一番安心できる場所で、人は最も素直になれる。そこは会議場として大きな力を発揮するだろう。
さらに都市に必要な施設も併設することで、会議をするためだけではなく、新たな居住地を求める人々など、様々な目的を持つ人が集うようになる。
この氷のドームを中心に、ガニメデという新たな都市、ニューフロンティアが誕生する。
氷という材料を使っていかに「安心できる形」が作れるか
安心できる形を探しスタディを行った結果、メインである会議場は円形が良いという判断となった。
周りに必要不可欠な施設を置いていく。
まずは居住モジュールだが、会議場を包み込むような配置。
可動式通路で各モジュールは繋がれる。
さらにそれらを公共施設モジュールで囲む。
会議場を中心として都市は氷の膜に優しく纏われる。
製造方法
地下にある氷の層まで地面を掘る。そこにヒートポンプを通し、下の氷に空気圧をかけながら熱し溶かす。蒸気のまま地上まで運び、タンクに水を蓄える。
タンクの水を使い、一定のサイズの氷を作る。その氷をクレーン、ベルトコンベアなどで運ぶ。そして氷をアーチ状に積むことで巨大なドーム構造を作る。
宇宙とは不安定な環境である。ガニメデではその変化に適応して生きなければならない。メタボリズムの概念を取り入れることで、人口の増減や周辺の環境の変化に建築都市が適応できるのではないか
エネルギー施設モジュール
食料プラント
太陽光パネル
水タンク
居住モジュール
人口の増減によって対応可能
公共施設モジュール
娯楽施設
商業施設
病院、警察
アースポートモジュール
輸送船の離発着
機械の製造
1/3000
配置平面図
200
1000
4000
510
700
1500
4000
1/250　会議場平面図
会議場の床を可動式にすることにより
会議以外の使用方法を可能にする
学校の体育館サイズのスペースを持つため
「人が集まる場所」がそこに生まれる
550
470
690
2700
1450
380
250
2500
2900
4400
1200
2200
500
700
1200
2700
1/500
会議場断面図

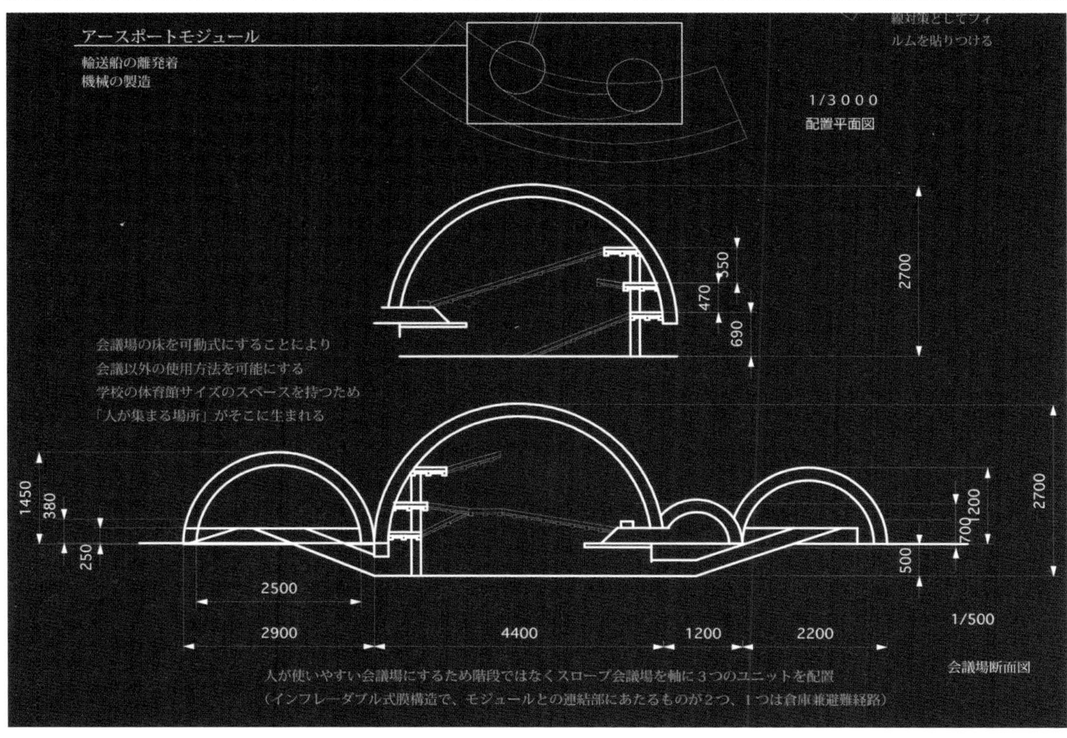
線対策としてフィ
ルムを貼りつける
アースポートモジュール
輸送船の離発着
機械の製造
1/3000
配置平面図
550
470
690
2700
会議場の床を可動式にすることにより
会議以外の使用方法を可能にする
学校の体育館サイズのスペースを持つため
「人が集まる場所」がそこに生まれる
1450
380
250
1200
700
500
2700
2500
2900
4400
1200
2200
1/500
人が使いやすい会議場にするため階段ではなくスロープ会議場を軸に3つのユニットを配置
（インフレーダブル式膜構造で、モジュールとの連結部にあたるものが2つ、1つは倉庫兼避難経路）
会議場断面図

氷壁都市

この宇宙はかつて、ビッグバンによってたった一点から生まれた。銀河の、太陽の、地球の、私たち人間の ... 宇宙にある存在すべてのもととなる粒子はその瞬間に生み出された。人はなぜ星空に惹かれるのか。それは、星々も私たちも、生まれた場所が同じだからだ。だ から私たちは、本能的に、星空に故郷を見る。故郷である「母なる宇宙」は、人々に無意識 の安心を抱かせ、そして惹きつけているのだ。

しかし宇宙開発が進んだ現代、私たちは「地球は宇宙の片隅でしかないこと」をまず知識と して知ってしまった。人間は微かな存在であるという潜在意識が、星空を本能的に見ること、星空に故郷を見ることから阻んでいるのではないか。そもそも人口の灯りに隠されない 星々を、いったいどれだけの人が見たことがあるのだろう。

氷、広大な大地、そして地球のどの場所をも凌駕する星の数のみが存在するガニメデという 場所で、人は最も本能的に空を見上げ、宇宙に故郷を感じることが出来るのかもしれない。きっとそこは母なる宇宙に抱かれた、一番安心できる場所なのだ。

安心感の向こうにこそ「素直」という感情を引き出すことが出来る ... その構想のもと、人類 に有益な施設として私たちは、地球の様々な問題を解決するための「会議場」を中心とした 都市環境を提案する。

氷壁都市

堀井柊我　笠松優貴　細川みのり

講評

このような宇宙施設の提案ではあまり見たことのない「会議場」というものを中心とした施設計画でした。その周りに居住施設などが計画されており、構造物は最優秀案と同様に氷を用いて作られています。こちらはその氷をブロック状に加工し、組積造りでドームを建設していきます。石や煉瓦の組積造りと違って積み上げた氷は接着し合ってより強固になるでしょうか。地球のさまざまな問題も、満天の星空のもと、文字通り俯瞰しながら客観的な議論をおこなうことで、解決へと導く良案が生まれることでしょう。こんなところから遠くに見える小さな星の中でミサイルや銃を撃ち合って喧嘩をしているのを眺めたら、戦争さえ無くなるのかも知れません。

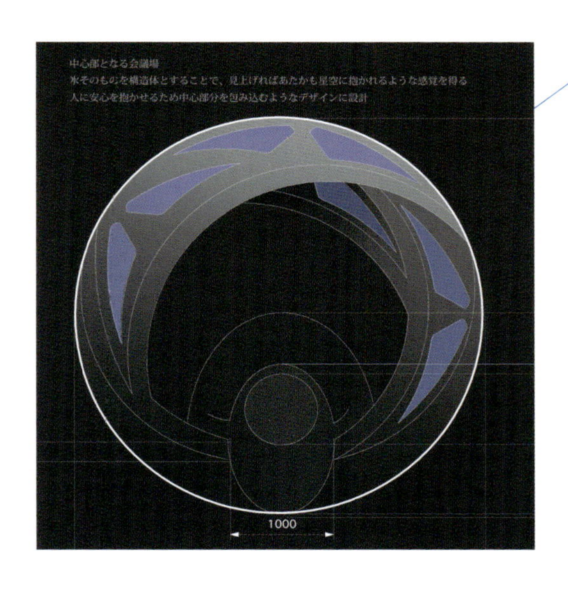

「人に安心をもたらすことのできる建築物」をテーマに、会議場や人が暮らせる都市を計画し、構造的かつ意匠的に安心を追及する建築を目指して設計されている。「人は星空を見上げることで母なる宇宙に安心を抱く」として、外壁を氷構造で作って透明にし、星空を眺めながら会議をおこなうことを可能にした。重力を考慮して、会議場の中はスロープで上下移動をするという設計もされている。

地下にある氷の層まで地面を掘る。そこにヒートポンプを通し、下の氷に空気圧をかけながら熱し溶かす。蒸気のまま地上まで運び、タンクに水を蓄える。

タンクの水を使い、一定のサイズの氷を作る。その氷をクレーン、ベルトコンベアなどで運ぶ。そして氷をアーチ状に積むことで巨大なドーム構造を作る。

ガニメデの特性「水が大量に存在する」ことを活かし、ISRU（現地材料利用）の考え方のもと、建築の構造・生産が計画されている。
氷層からヒートポンプを使い蒸気を吸い上げ、ブロックを加工。ロボットを使ってブロックをドーム状に組積していく。純度の高い氷でできた氷構造のドームは宇宙線を防ぐことができ、密閉性も高いため人間が生存に必要な温度を室内で保つことが可能である。隕石などによって壊れても簡単に修理することが可能である。

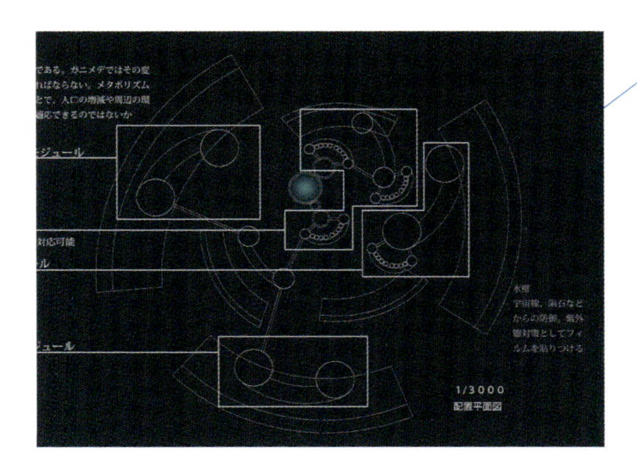

都市が連結すること、都市機能の配置の仕方、最小限のコスト・材料で都市を効率よく広げること、社会的背景における宇宙建築の考え方などが本作品中で定義されている。近代日本で考えられてきた「メタボリズム」という考えを取り入れることで、人口の増減などに対して施設の機能を変えられるようにモジュールを設計するなど、宇宙建築における問題点を都市計画的考え方で解決しようと試みている。

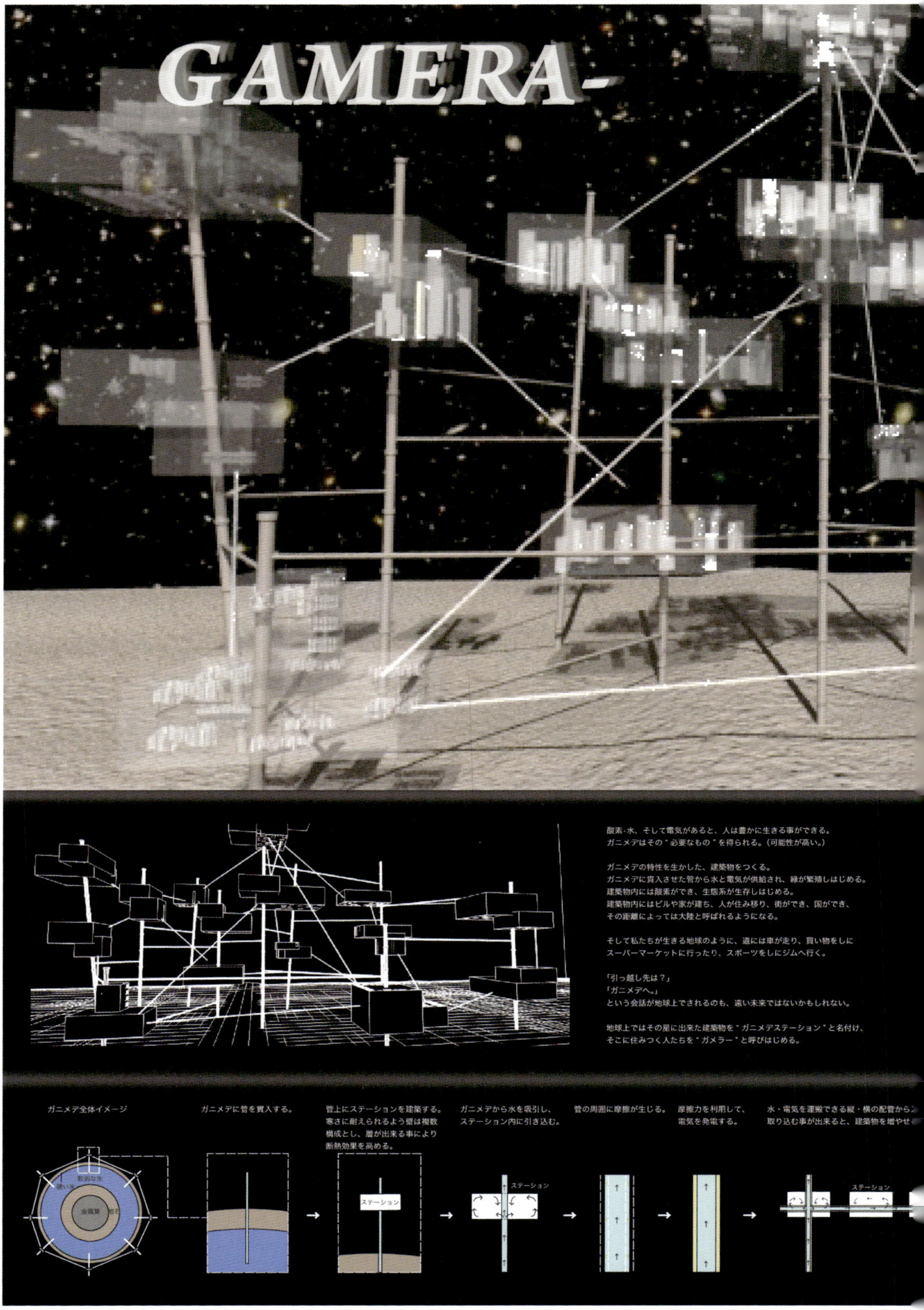

GAMERA-

酸素·水、そして電気があると、人は豊かに生きる事ができる。
ガニメデはその " 必要なもの " を得られる。(可能性が高い。)

ガニメデの特性を生かした、建築物をつくる。
ガニメデに貫入させた管から水と電気が供給され、緑が繁殖しはじめる。
建築物内には酸素ができ、生態系が生存しはじめる。
建築物内にはビルや家が建ち、人が住み移り、街ができ、国ができ、
その距離によっては大陸と呼ばれるようになる。

そして私たちが生きる地球のように、道には車が走り、買い物をしに
スーパーマーケットに行ったり、スポーツをしにジムへ行く。

「引っ越し先は？」
「ガニメデへ。」
という会話が地球上でされるのも、遠い未来ではないかもしれない。

地球上ではその星に出来た建築物を " ガニメデステーション " と名付け、
そこに住みつく人たちを " ガメラー " と呼びはじめる。

ガニメデ全体イメージ

軟弱な氷
硬い氷
金属質
岩石

ガニメデに管を貫入する。

管上にステーションを建築する。
寒さに耐えられるよう壁は複数
構成とし、層が出来る事により
断熱効果を高める。

ステーション

ガニメデから水を吸引し、
ステーション内に引き込む。

ステーション

管の周囲に摩擦が生じる。

摩擦力を利用して、
電気を発電する。

水・電気を運搬できる縦・横の配管から
取り込む事が出来ると、建築物を増やせ

ステーション

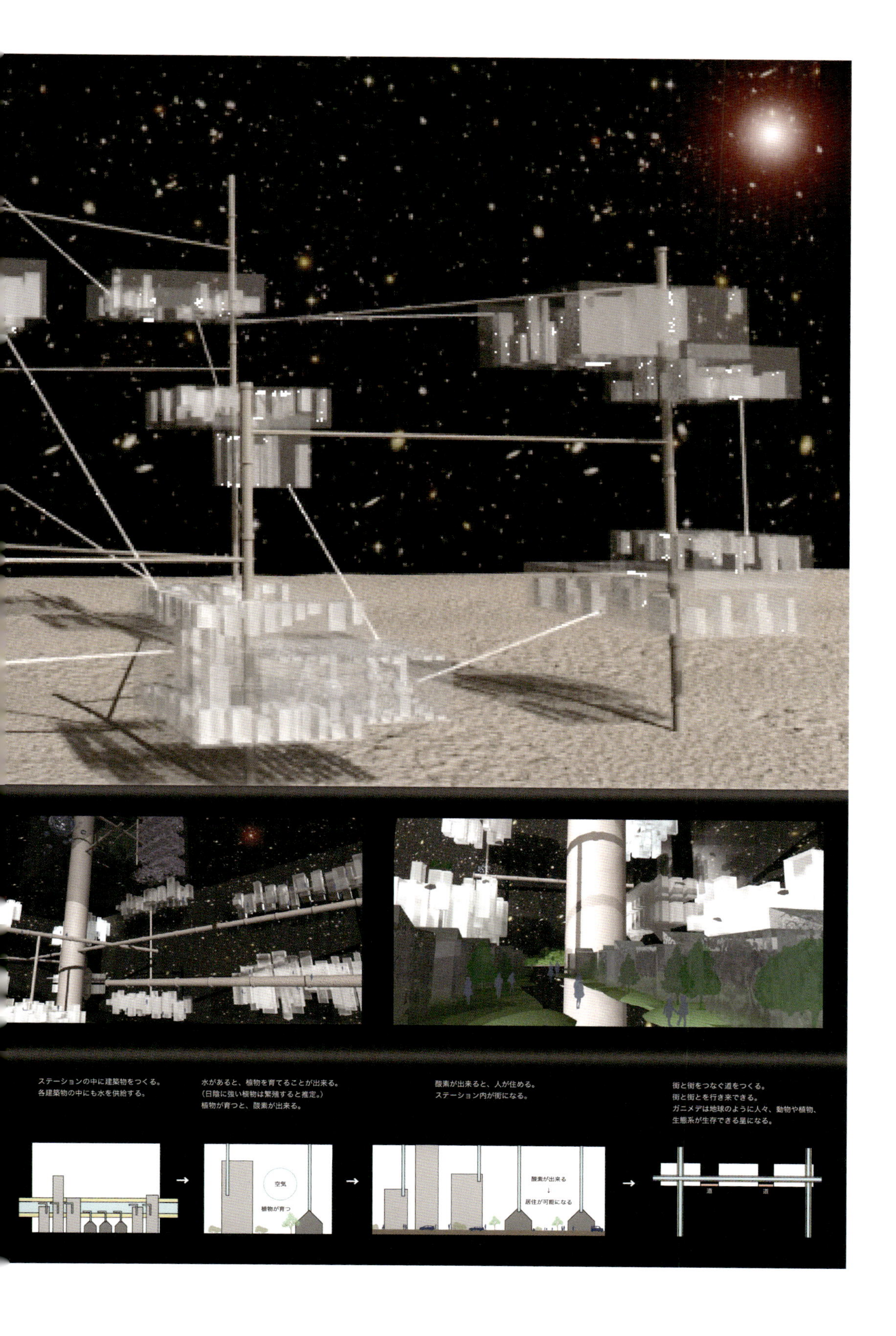
ステーションの中に建築物をつくる。
各建築物の中にも水を供給する。
水があると、植物を育てることが出来る。
(日陰に強い植物は繁殖すると推定。)
植物が育つと、酸素が出来る。
空気
植物が育つ
酸素が出来ると、人が住める。
ステーション内が街になる。
酸素が出来る
↓
居住が可能になる
街と街をつなぐ道をつくる。
街と街とを行き来できる。
ガニメデは地球のように人々、動物や植物、
生態系が生存できる星になる。
道
道

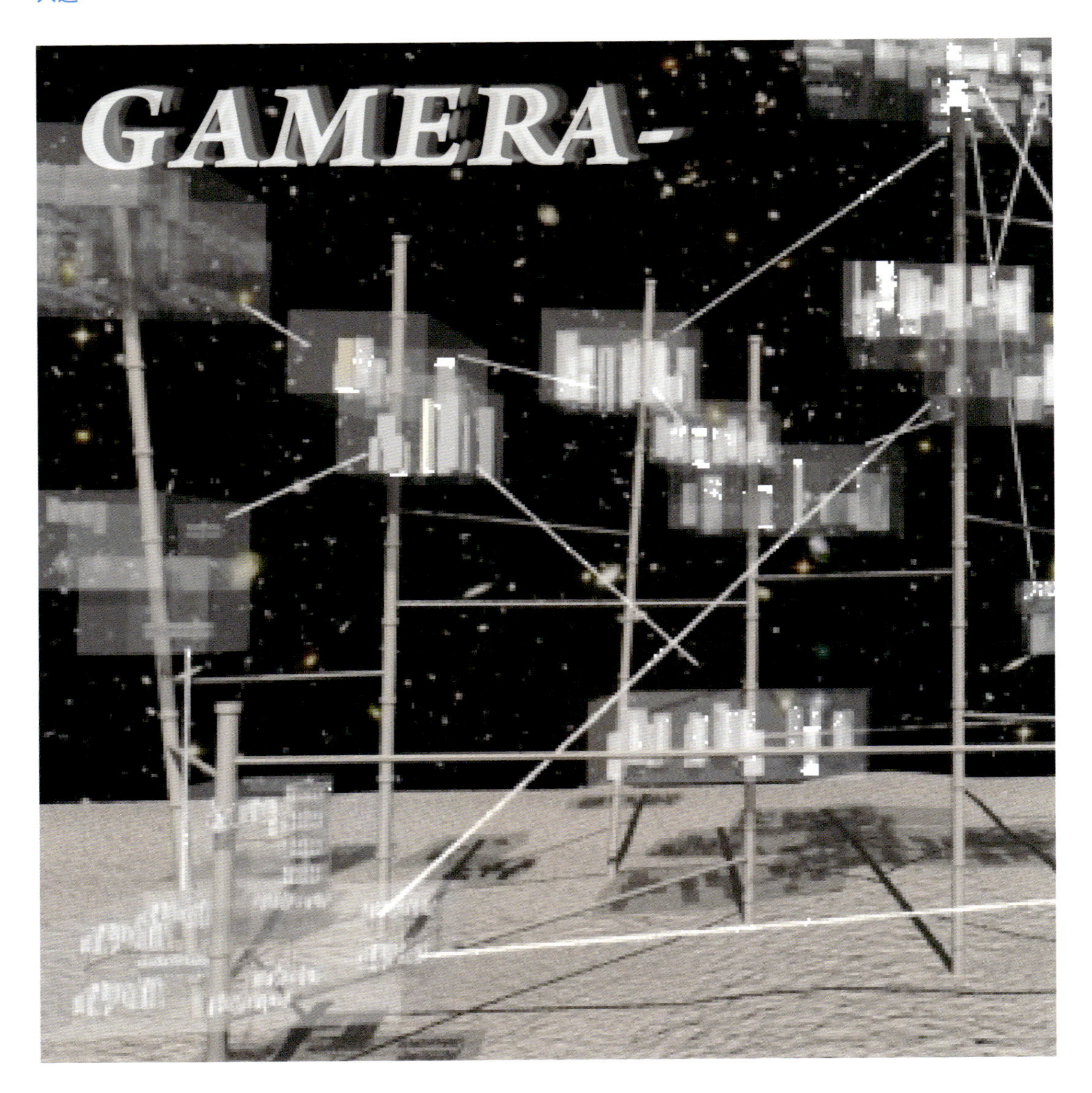

GAMERA-

西本尚子　塚本勝太

講評

この作品は地下にパイプを打ち込み、水を得て、その打ち込んだパイプを軸として全体の建築物が構築されていきます。最初、「ガメラ」というタイトルで全く別のものを想像して図面を読み込みましたが、正式な読み方は－が付いているため『ガメラー』でした。ガニメデへと移住するものたちはガメラーとよばれ、未来の太陽系の生命維持の重要な役割を果たしていくこととなるでしょう。最終的に出来上がった網の目のようなフレームの町はガメラ、そしてこの場所で、地球からやってきた“小さき勇者たち／ガメラー”をこの町が守っていくという、10年前の映画さながらのストーリーが生まれるのかも知れません。

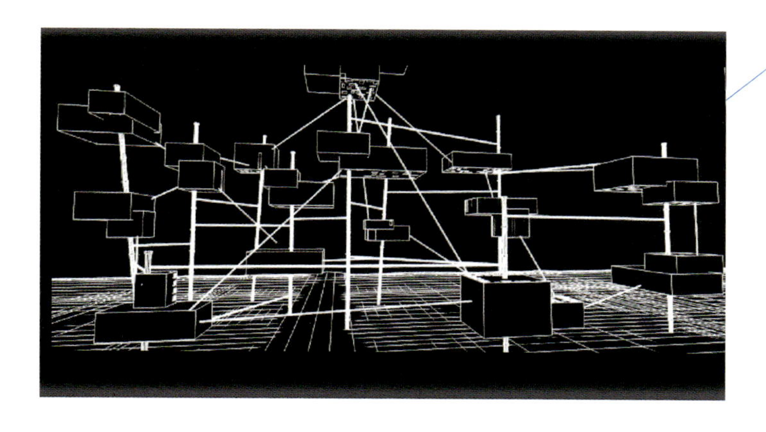

人がガニメデという宇宙空間で豊かに生きるためには「酸素・水・電気」が必要であるとして、ガニメデの特性を生かした建築物を設計している。
ガニメデの内部に存在する氷の層に管を差し込み、その管を柱としてステーションを作り上げる。管を縦横に配置することによってステーションの数を増やすことができ、人間の生存圏を拡張するような都市計画を提案している。

管の内部には水の通路を確保し、水を吸い上げる際に発生する摩擦力を利用して電気を発生させている。吸い上げられた水はステーション内に存在する建物へ運搬されると共に、植物の養分として使われる。その植物の光合成を利用することで酸素を発生させる。このような一連の流れを作ることで、人が住める環境、つまり地球のような人・動物・植物の生態系が生存できる建築物を目指している。

ガニメデステーションが建設されることによって、私たちの住む地球と同じような環境がガニメデに作られる。そこには道があり、車が走り、娯楽をする文化も生まれていく。そして、地球からガニメデステーションに移住する人「ガメラー」が現れることになるのだろう。作品の中に書かれている「引っ越し先は？」「ガニメデへ。」という未来の会話がとても印象に残る作品になっている。

TNラボ特別賞　　ASGARD

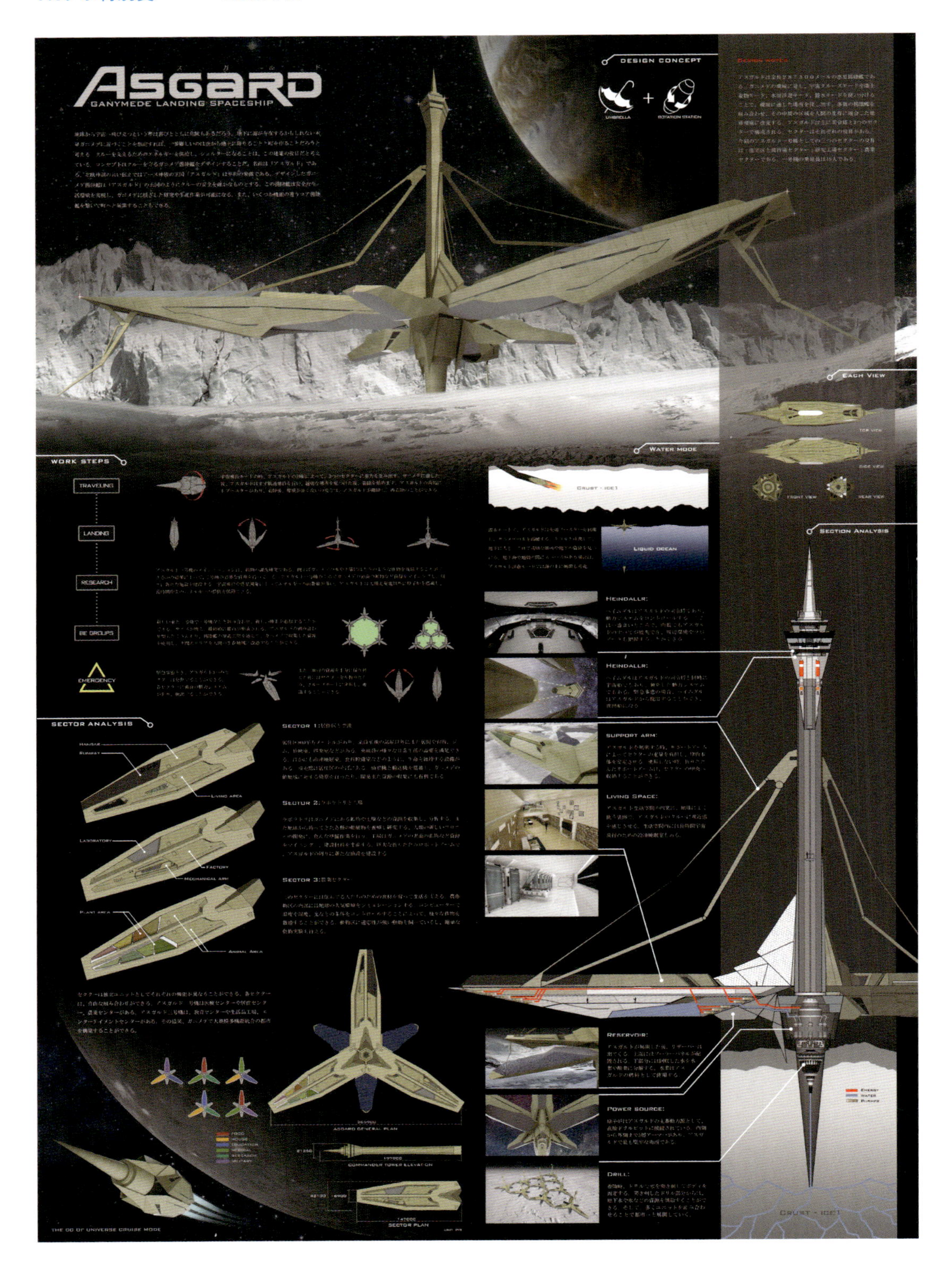

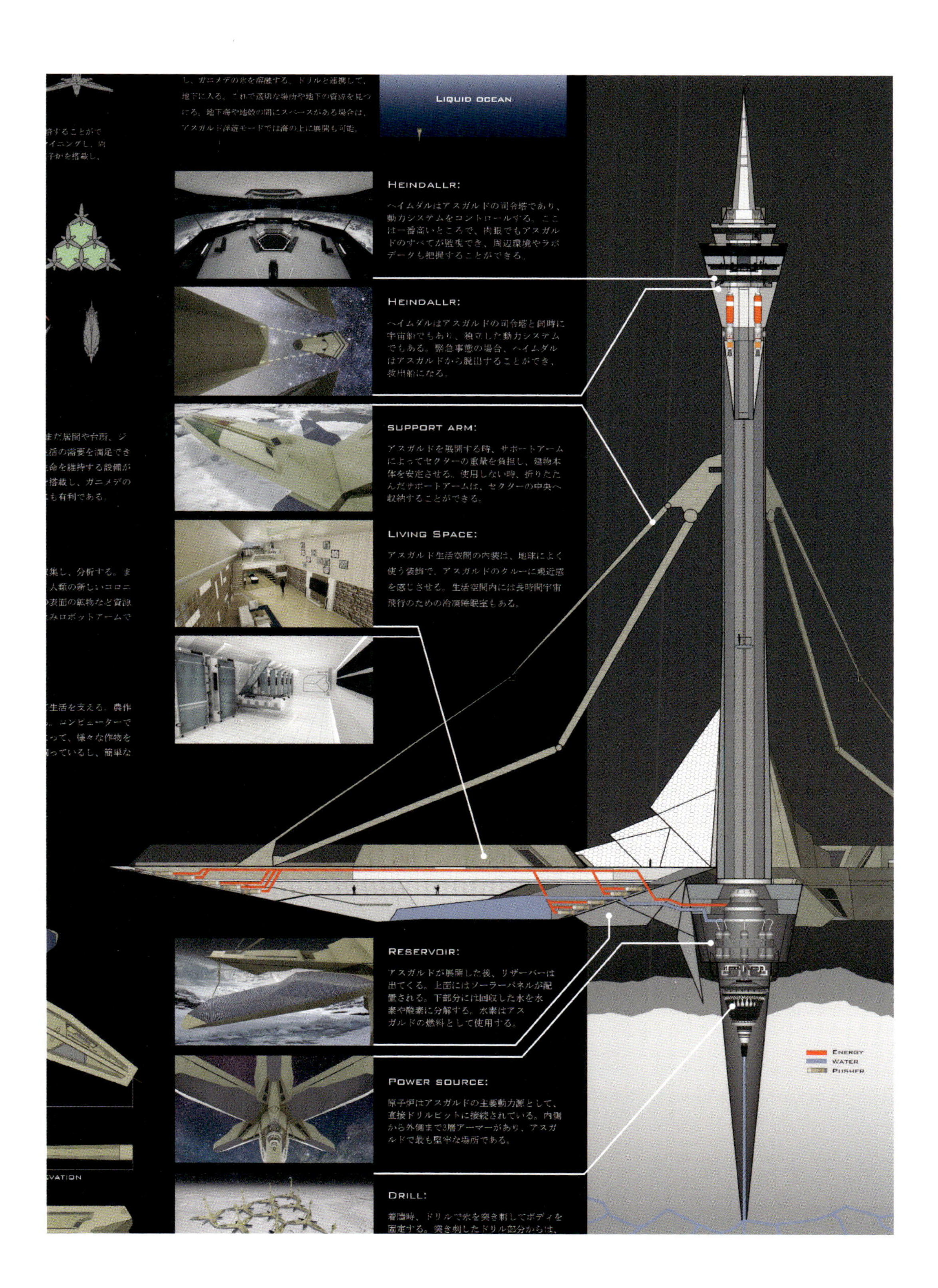
し、ガニメデの氷を溶融する。ドリルと連携して、
地下に入る。これで適切な場所や地下の資源を見つ
ける。地下海や地殻の間にスペースがある場合は、
アスガルド浮遊モードでは海の上に展開も可能。
LIQUID OCEAN
HEINDALLR:
ヘイムダルはアスガルドの司令塔であり、動力システムをコントロールする。ここは一番高いところで、肉眼でもアスガルドのすべてが監視でき、周辺環境やラボデータも把握することができる。
HEINDALLR:
ヘイムダルはアスガルドの司令塔と同時に宇宙船でもあり、独立した動力システムでもある。緊急事態の場合、ヘイムダルはアスガルドから脱出することができ、救出船になる。
SUPPORT ARM:
アスガルドを展開する時、サポートアームによってセクターの重量を負担し、建物本体を安定させる。使用しない時、折りたたんだサポートアームは、セクターの中央へ収納することができる。
LIVING SPACE:
アスガルド生活空間の内装は、地球によく使う装飾で、アスガルドのクルーに親近感を感じさせる。生活空間内には長時間宇宙飛行のための冷凍睡眠室もある。
RESERVOIR:
アスガルドが展開した後、リザーバーは出てくる。上面にはソーラーパネルが配置される。下部分には回収した水を水素や酸素に分解する。水素はアスガルドの燃料として使用する。
POWER SOURCE:
原子炉はアスガルドの主要動力源として、直接ドリルビットに接続されている。内側から外側まで3層アーマーがあり、アスガルドで最も堅牢な場所である。
DRILL:
着陸時、ドリルで氷を突き刺してボディを固定する。突き刺したドリル部分からは、
ENERGY
WATER

アスガルド
ASGARD
GANYMEDE LANDING SPACESHIP
地球から宇宙へ飛び立つという夢は喜びとともに危険もあるだろう。地下に海が存在するかもしれない木星ガニメデに近づくことを想定すれば、一番難しいのは空から地上に降りることと町を作ることだろうと考える。クルーを支えるためのエネルギーを供給し、シェルターになることは、この建築の役目だと考えている。コンセプトはクルーを守るガニメデ揚陸艦をデザインすることだ。名前は「アスガルド」である。北欧神話の言い伝えではアース神族の王国「アスガルド」は平和の象徴である。デザインしたガニメデ揚陸艦は「アスガルド」の王国のようにクルーの安全を確かなものとする。この揚陸艦は安全な生活環境を実現し、ガニメデに根ざした研究や生産作業が可能になる。また、いくつか機能の違うコア揚陸艦を繋いで町へと展開することもできる。

ASGARD

李上　陳詩微

講評

現地で構築する建築物の割合が少なく、宇宙機といった方が良いとも言えますが、最初の居住施設はこのようなものとなるのかも知れません。海水から酸素は作れるでしょうし、塩分や、氷も沢山ありそうな星ですから、移住の最初の段階では食料確保が重要になるのでしょう。農業セクターを設置し、農作物の生産をするほか、動物の飼育エリアも設けられており、よく考えられていると思いました。また、ノマド的に衛星内の移動を最初から想定しているのも興味深い設計と思います。一見、昆虫か何かのような展開型のデザインも美しく、これらがいくつも連結されてガニメデでの生命圏が構築される未来が待ち遠しい限りです。

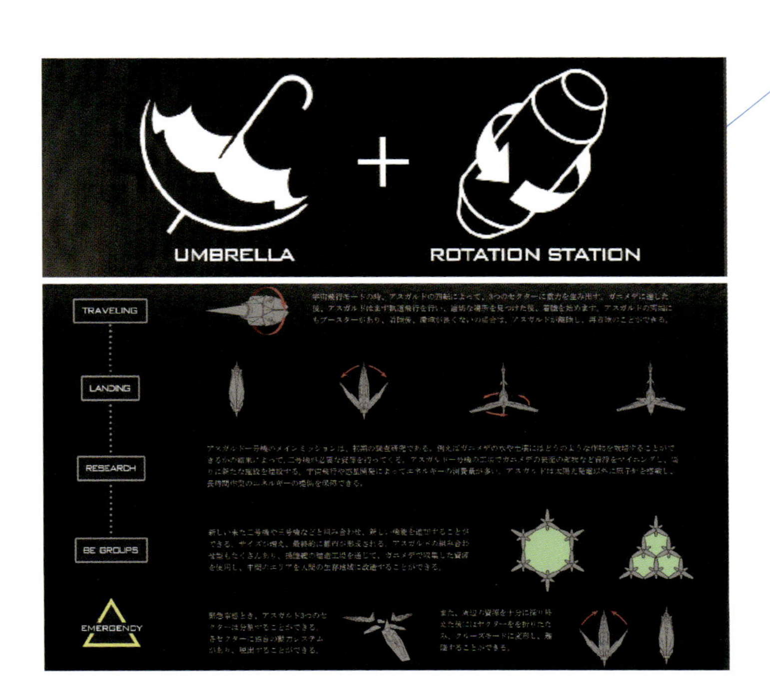

デザインコンセプトは「umbrella 傘」と「rotation stastion 回転式宇宙船」の融合である。
アスガルドは全長287500mの惑星揚陸艦で、宇宙クルーズモード、陸上着陸モード、水面浮遊モード、潜水モードを使い分けることで適した環境の場所を探す。ガニメデでの研究と、都市を展開することが目的だ。主に司令塔と3つのセクターで構成されている。

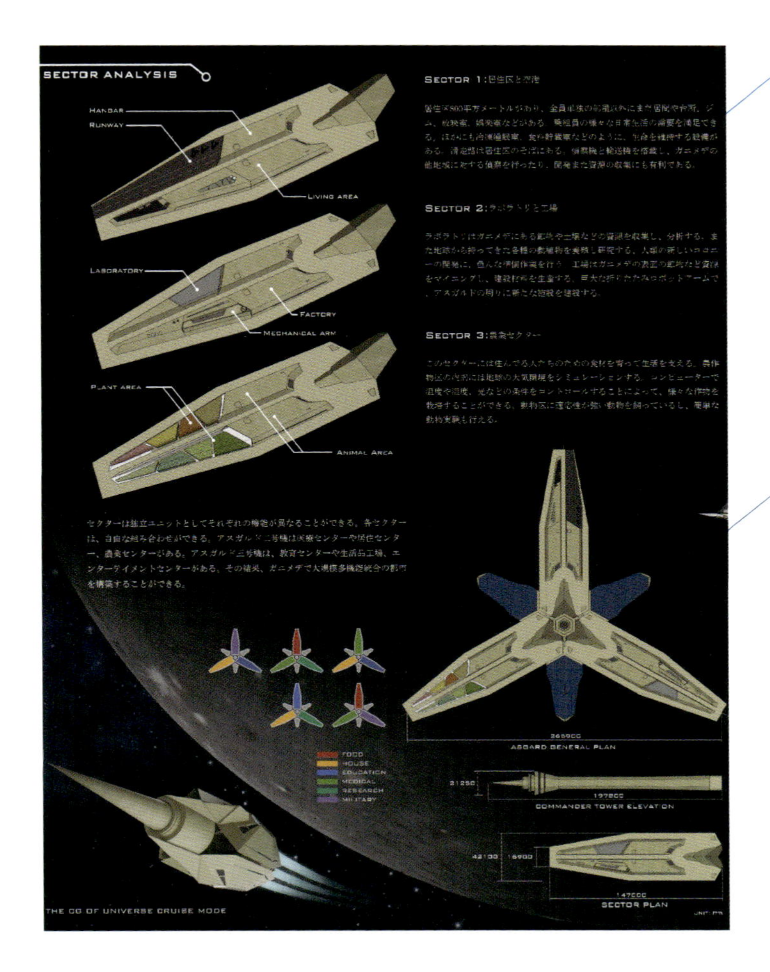

居住区は800m²あり、個室以外に居間や台所、ジム、放映室、娯楽室などがある。他にも冷凍睡眠室、食糧貯蔵室のような生命を維持する設備もある。
飛行場セクター（滑走路）は居住区の側にある。偵察機と輸送機が搭載されており、ガニメデの土地の偵察・開発・資源収集をおこなうことが可能である。

研究工場セクターのラボラトリではガニメデの鉱物や土壌などの資源を収集し、分析する。また、地球から持ち込んだ各種の動植物を養殖し研究する。工場では採掘されたガニメデ表面の鉱物を精錬することで、建設材料を生成する計画となっている。
農業セクターでは住民の食材を育てている。農作物区の内部はコンピュータで管理されており、地球の大気環境を再現して栽培する。

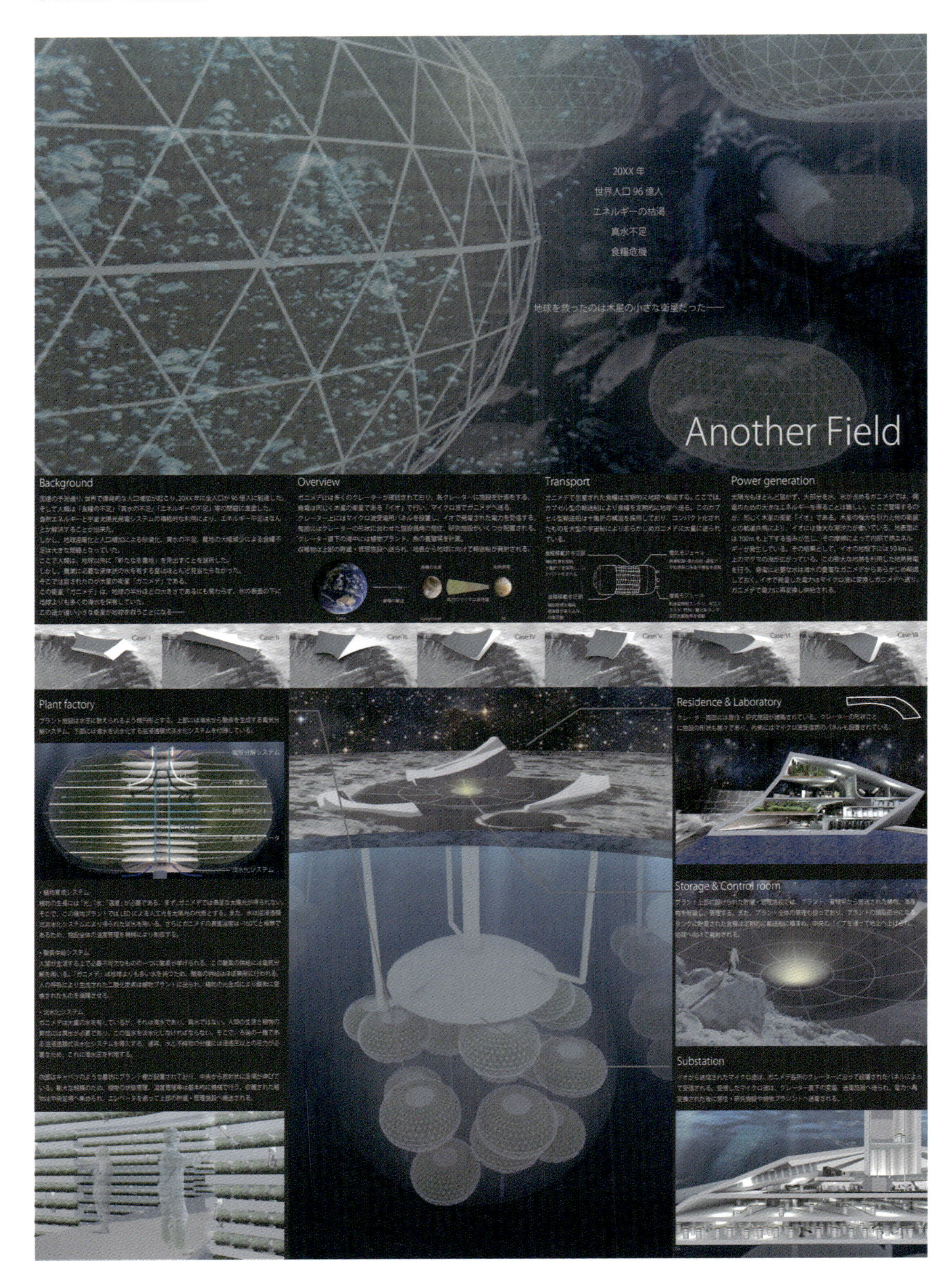
20XX年
世界人口96億人
エネルギーの枯渇
真水不足
食糧危機
地球を救ったのは木星の小さな衛星だった——
Another Field
Background
Overview
Transport
Power generation
Case I
Case II
Case III
Case IV
Case V
Case VI
Case VII
Plant factory
Residence & Laboratory
Storage & Control room
Substation

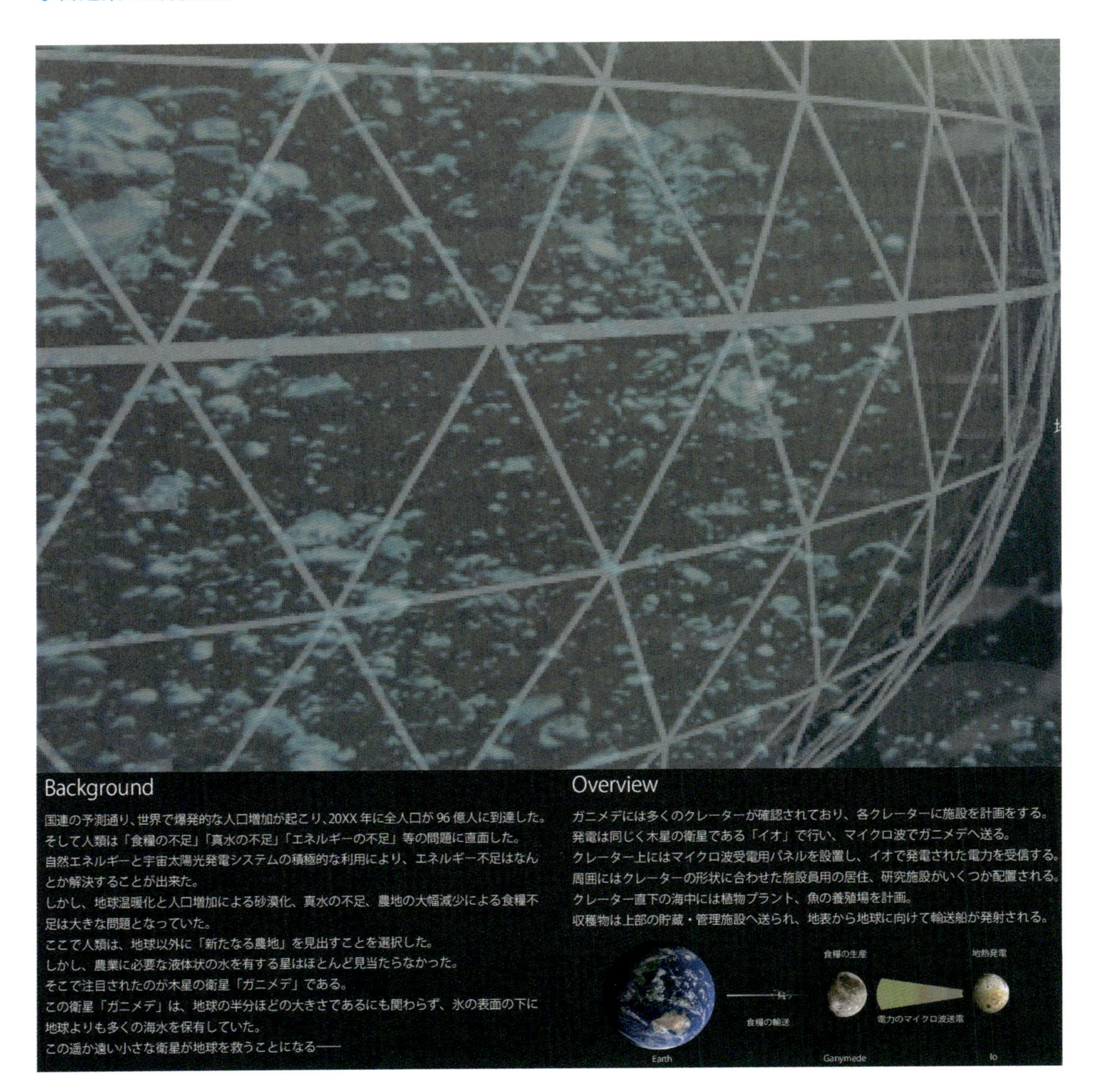

Another Field

講評

木村明竟　亀田翔

この作品で興味深かったのは、地球上から一部の資材を定期的に持ってくるのではなく、逆に、枯渇しかかった地球へと物資を援助するという考え方です。また、電力は同じく木星の惑星であるイオから送電するということですが、今回残念ながら落選した作品『PRES』のように、氷の層とその下の海水の層の速度差を利用した発電システムのようなものがあれば、ガニメデ自体でも電力供給の可能性は拡がるでしょうか。クレーター直下に設けられる魚の養殖場も面白い提案だと思います。確かに地球の海中の生物のうち何種類かは生きていけるかも知れません。繁殖した生物の捕獲のため、よゐこ濱口氏あたりは第一団移住者として連れて行きたいものです。

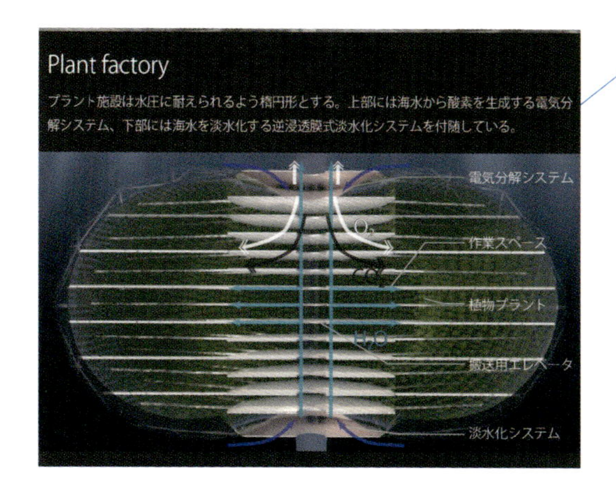

多くのクレーターが確認されているというガニメデの特徴に着目し、各クレーターに地球の「新たな農地」としての施設を計画・提案している。ガニメデは氷層の下に地球よりも多くの海水を含有しているとして、クレーター上部とクレーター直下の海中に広がる作品である。

海中には植物プラントや魚の養殖場などの施設があり、地球に供給する物資を生産し、収穫している。また、プラント上部には収穫した物資を貯蔵する施設がある。
クレーター表面の周囲には施設員用の住居や研究施設があるほか、施設の電力源とされる衛星イオの地熱発電による電力をマイクロ波によって受電する設備や、海中の施設で収穫した物資を地球に輸送する設備が備えられている。

クレーター上と海中で明確に役割が分かれていることからもわかるように、施設の動線は上下に伸びている。海中のプラントで収穫された物資は中央のシャフトを通って下から上へと運ばれ、貯蔵、管理を経て地球へ出荷される。地球の畑から作物が収穫されるような構図が、この施設によって遠く離れた星に生み出されるのである。その頃、これらの物資は地球で「ガニメデブランド」として売られているのかもしれない。

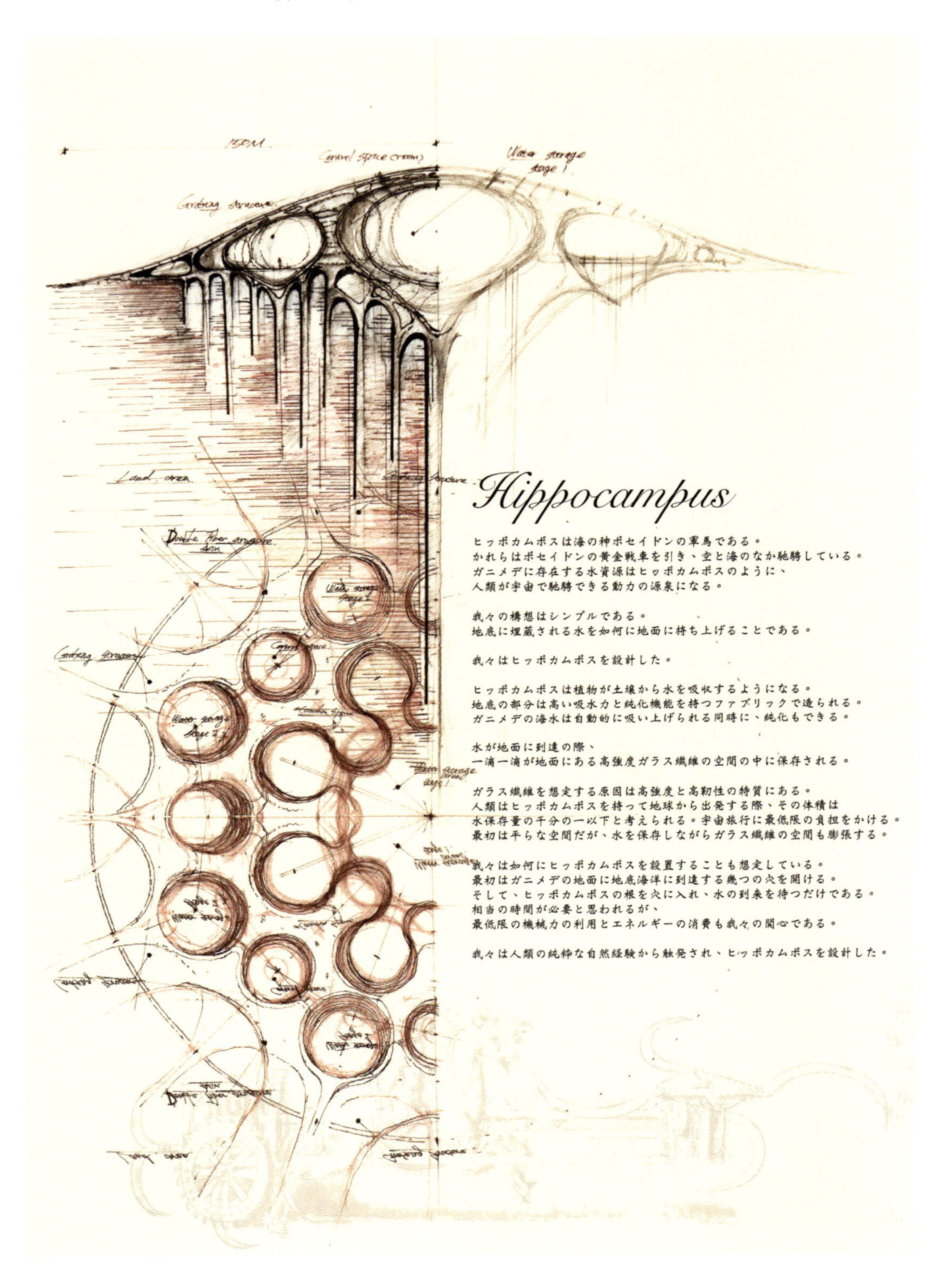
Hippocampus
ヒッポカムポスは海の神ポセイドンの軍馬である。
かれらはポセイドンの黄金戦車を引き、空と海のなか馳騁している。
ガニメデに存在する水資源はヒッポカムポスのように、
人類が宇宙で馳騁できる動力の源泉になる。
我々の構想はシンプルである。
地底に埋蔵される水を如何に地面に持ち上げることである。
我々はヒッポカムポスを設計した。
ヒッポカムポスは植物が土壌から水を吸収するようになる。
地底の部分は高い吸水力と純化機能を持つファブリックで造られる。
ガニメデの海水は自動的に吸い上げられる同時に、純化もできる。
水が地面に到達の際、
一滴一滴が地面にある高強度ガラス繊維の空間の中に保存される。
ガラス繊維を想定する原因は高強度と高靭性の特質にある。
人類はヒッポカムポスを持って地球から出発する際、その体積は
水保存量の千分の一以下と考えられる。宇宙旅行に最低限の負担をかける。
最初は平らな空間だが、水を保存しながらガラス繊維の空間も膨張する。
我々は如何にヒッポカムポスを設置することも想定している。
最初はガニメデの地面に地底海洋に到達する幾つの穴を開ける。
そして、ヒッポカムポスの根を穴に入れ、水の到来を待つだけである。
相当の時間が必要と思われるが、
最低限の機械力の利用とエネルギーの消費も我々の関心である。
我々は人類の純粋な自然経験から触発され、ヒッポカムポスを設計した。

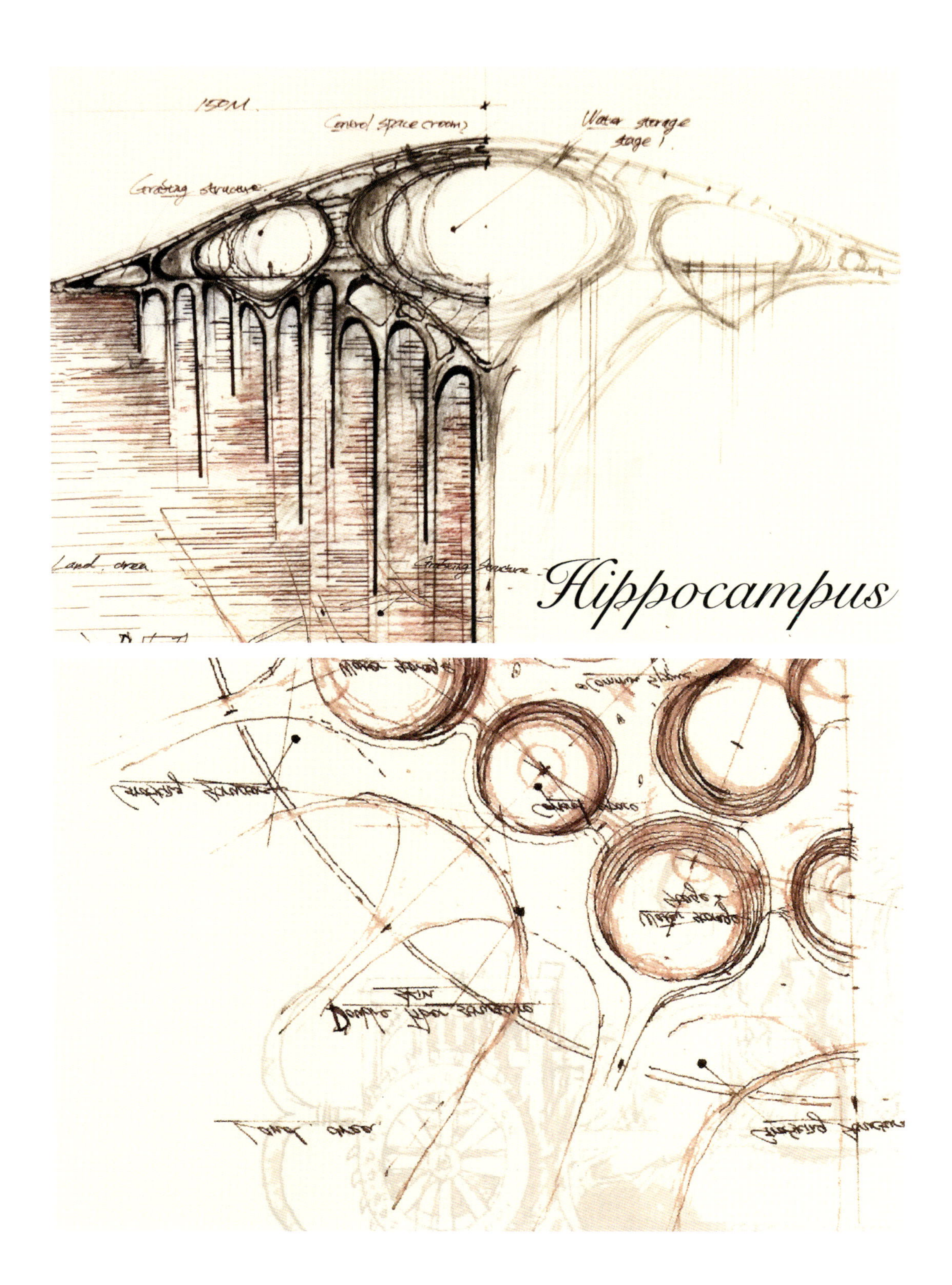
150M.
Central space (room)
Water storage stage 1
Land area
Hippocampus

Hippocampus

林聖平　郭聖傑

講評

恥ずかしながらヒッポカムポスという言葉を聞いたことがなかったのですが、今回調べてみて上半身が馬、下半身が魚という「海の神・ポセイドン」の戦車をひく海馬であることを知りました。ダ・ヴィンチのスケッチかと思うほどの繊細なタッチで、まるで宝の地図を見るようにワクワクしながら見ることができました。ガニメデという海の星を切り開くに相応しい海馬によって、人類の未来が切り開かれていくことになれば素晴らしいと思います。また、図面いっぱいに情報を書き込まずシンプルに仕上げるとき、その作品の良し悪しは製作者のセンスがより一層あらわれてます。この作品はその絶妙なプレゼンテーションにより美しく仕上がっていると思います。

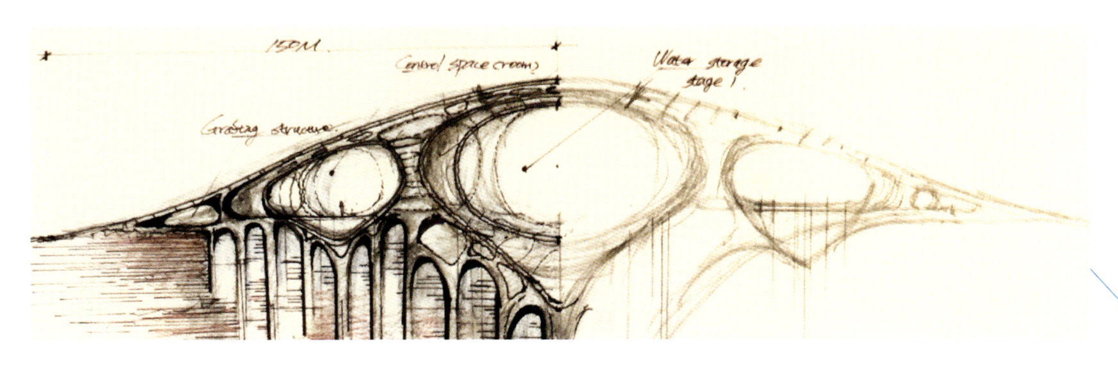

ギリシア神話における海の神ポセイドンは水を自由に操り、海や空をヒッポカムポス（軍馬）の引く黄金戦車に乗って縦横無尽に駆け巡ったとされる。本作品では人類にとっての水資源、私たち人類を自由に活動させる源泉であるとしている。

ヒッポカムポス上部は、地球から輸送する際には平らな構造をしている。ガニメデ表面に設置された後、下部から吸い上げた水が地上に到達する。するとガラス繊維で覆われた空間が膨張し、地下から吸い上げた水を貯蔵しておくことができる。

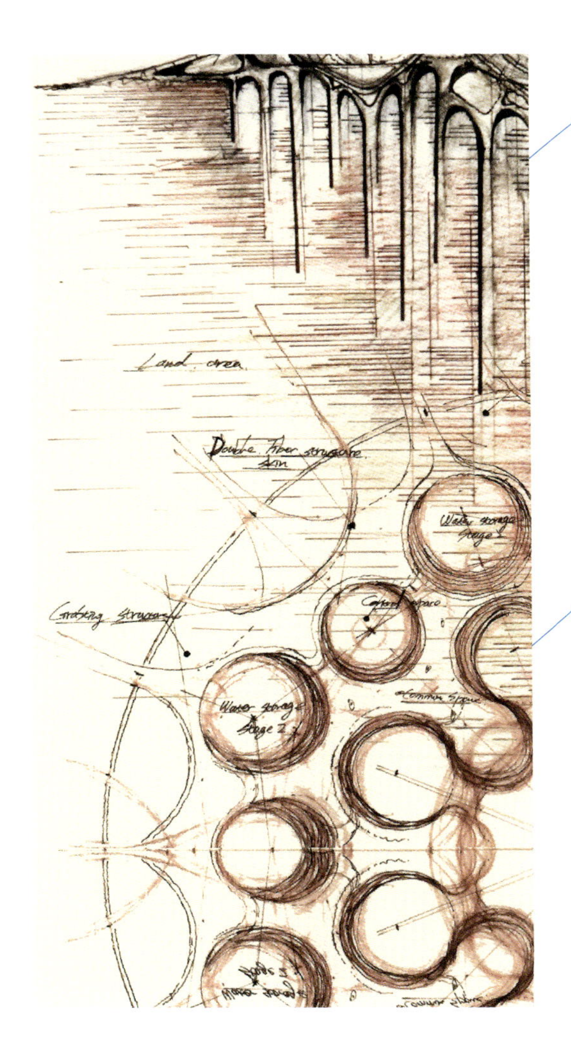

本作の特徴は、水を組み上げる際にエネルギーを必要としないことである。ガニメデの地下には豊富な水があると考えられおり、その水を利用するために植物が根をはって成長していく過程に似た構造を用いている。地下深くまで穴を掘り、その穴に吸水性の高いファブリック（布）を下ろして水を吸い上げる仕組みだ。時間をかけて長距離を通過させることで、水を十分に純化できる。

ヒッポカムポスを植物のように形容したのは、人類がエネルギーを供給することなく自身で水を吸い上げて貯える様子が、植物の成長過程に酷似しているからである。エネルギーの入手が困難な宇宙空間において魅力的な構想といえるだろう。

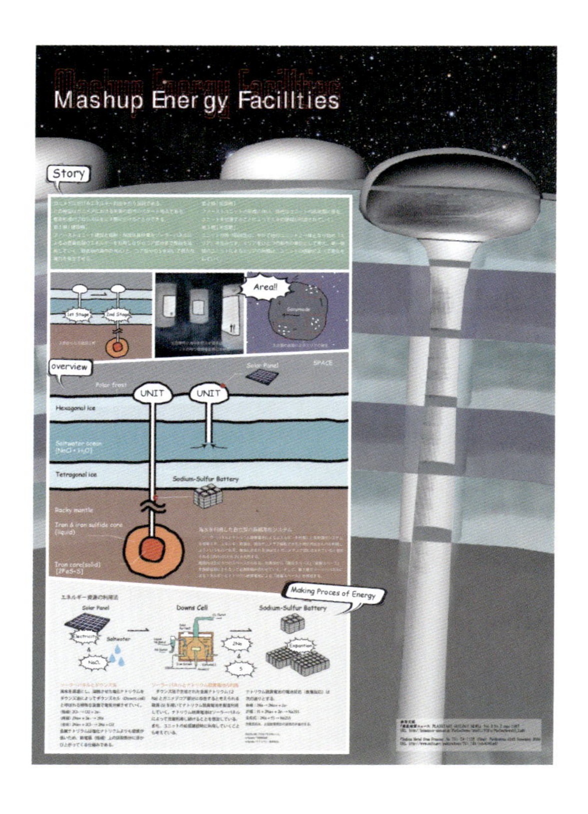
Mashup Energy Facillties
Story
Area!!
overview
UNIT
UNIT
Solar Panel
SPACE
Hexagonal ice
Tetragonal ice
Sodium-Sulfur Battery
Rocky mantle
Making Proces of Energy
Solar Panel
Downs Cell
Sodium-Sulfur Battery

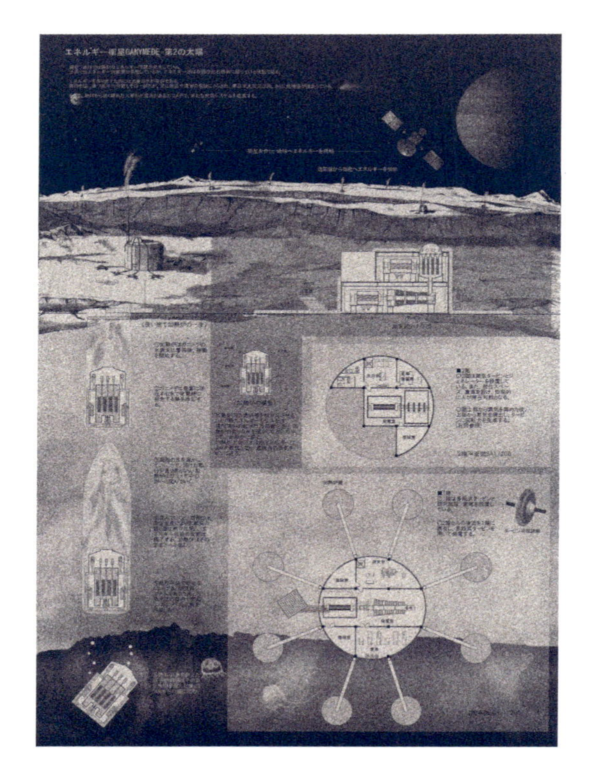
エネルギー衛星GANYMEDE -第2の太陽

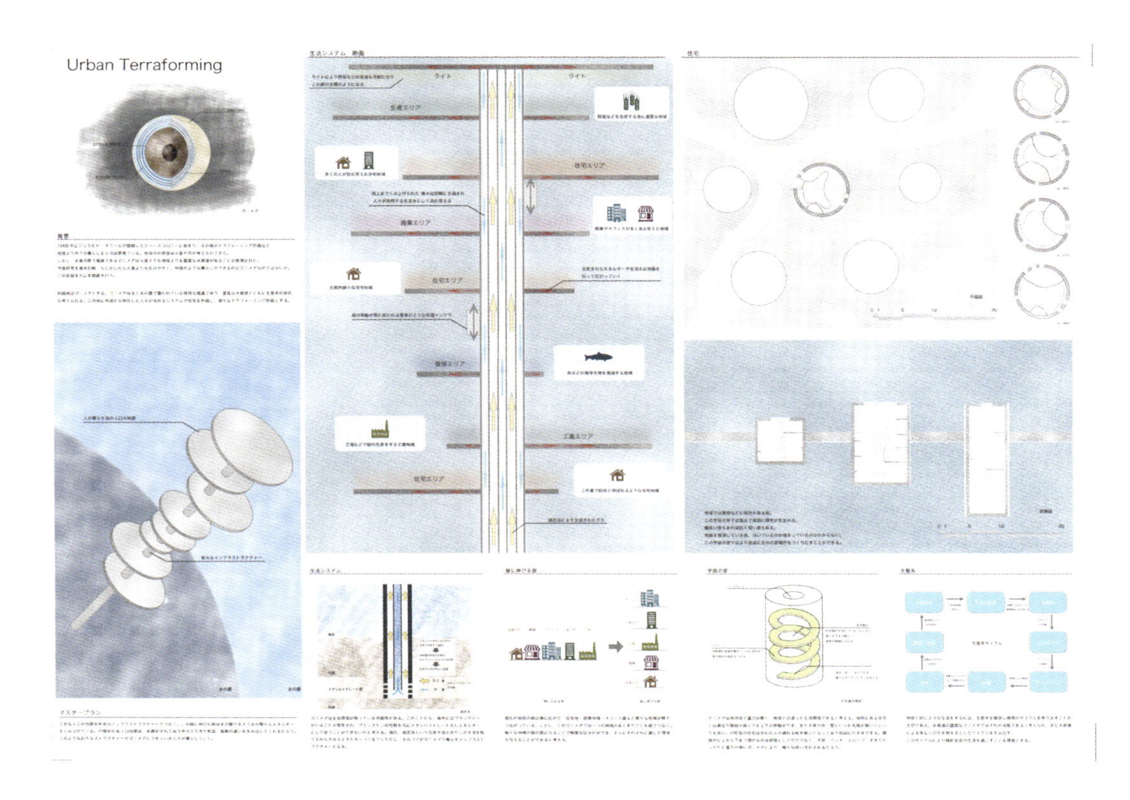
Urban Terraforming
住宅エリア
商業エリア
工業エリア

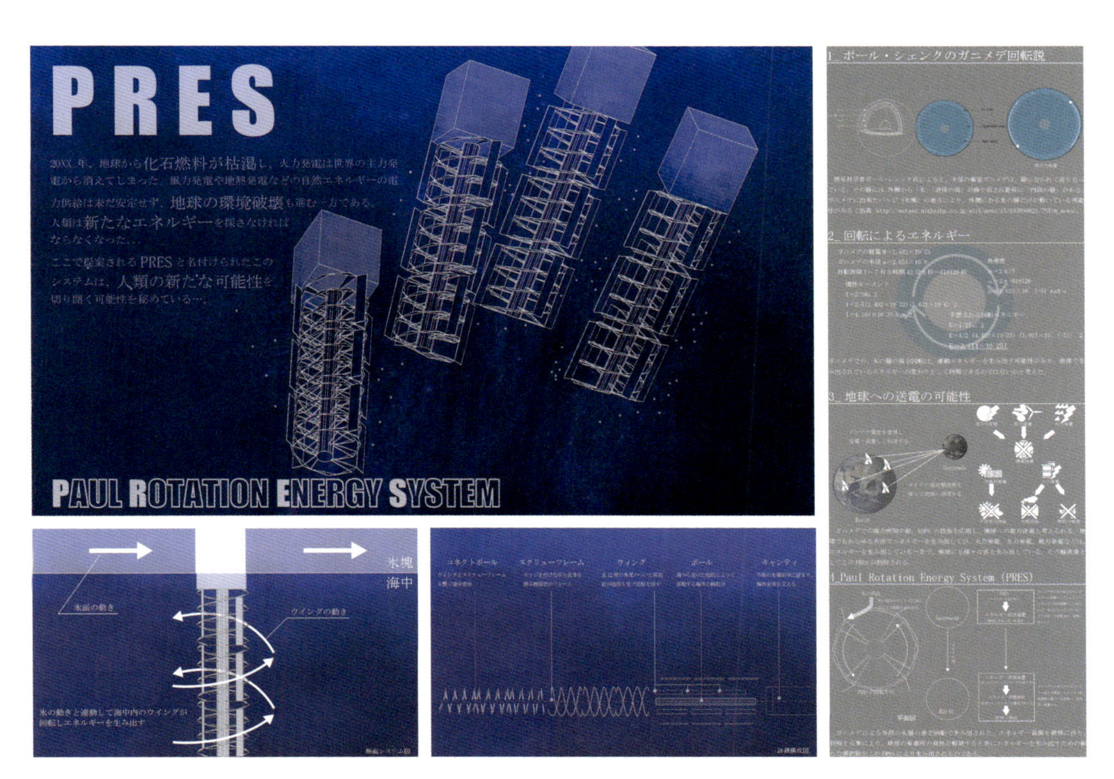
PRES
20XX 年、地球から化石燃料が枯渇し、火力発電は世界の主力発電から消えてしまった。風力発電や地熱発電などの自然エネルギーの電力供給は未だ安定せず、地球の環境破壊も進む一方である。
人類は新たなエネルギーを探さなければならなくなった…
ここで提案されるPRESと名付けられたこのシステムは、人類の新たな可能性を切り開く可能性を秘めている…。
PAUL ROTATION ENERGY SYSTEM
1 ポール・シェンクのガニメデ回転説
2 回転によるエネルギー
3 地球への送電の可能性
4 Paul Rotation Energy System (PRES)
氷塊
海中
氷面の動き
ウイングの動き
氷の動きと連動して海中内のウイングが回転しエネルギーを生み出す

TNL
SPACE ARCHITECTURE

宇宙建築学サークルTNL

設立：2015年6月1日
代表：松浦颯（日本大学）
顧問：十亀昭人（東海大学准教授）
メンバー数：20名程度

理念

当団体は「宇宙建築」を志す学生のコミュニティーです。「宇宙に暮らすを実現する」という理念のもと、宇宙建築という視点から宇宙を考えるとともに、建築だけでなくさまざまな分野との関わりの中で宇宙空間での暮らしについて考察を行っています。

宇宙建築とは

宇宙空間に建設される人間の利用を目的とした構造物を指します。実現している宇宙建築としてはISSなどがあり、将来的には月面基地、宇宙ホテルなどが構想されています。

—

活動内容

宇宙建築賞（運営）

宇宙飛行士の山崎直子さんをはじめとした研究者や建築家の方々の協力を得て、有志の「宇宙建築の会」が2014年度に初めて開催し、2015年度にTNLが運営を引き継ぎました。活動の背景には宇宙建築の周知とアイデアの振興、発信、共有、協力といった狙いがあります。

第3回宇宙建築賞審査会（2016年11月27日、東海大学）

Study Project

「宇宙に暮らす」を実現するためには何が必要か、など宇宙のさまざまな問題を解決していくプロジェクトです。いろいろな分野の学問を学ぶ学生集うTNLだからこそ、多方面の意見を取り入れることで解決できる問題も数多くあるのではないか、という点に着目し、2017年から長期的なプロジェクトとして継続的に議論を行っています。

—

Workshop

TNLではアウトリーチ活動の一環としてさまざまな世代やジャンルの方々を招き、ワークショップを行っております。2017年6月には、愛媛県で行われたISTSにおいて、『「月面」×「都市」を考える』と題して、高校生・大学生と一緒に月面都市のデザイン、人らしい暮らしとは何か、について議論しました。ワークショップは参加者の皆さんと一緒に宇宙での人らしい住まい、住まい方を考える貴重な場の1つとなっております。

「月面」×「都市」を考えるワークショップ　(2017年6月4日、ISTS)

—

展示

さまざまな学会やワークショップ会場などで宇宙建築賞の作品を展示しています。宇宙建築の周知を目的としたアウトリーチ活動として行っていて、各会場でご覧になってくださった方々からは大変ご好評をいただいております。これも年々、宇宙建築賞に出品して頂く方々のおかげであり、責任をもって取り扱わせて頂いてます。

宇宙建築賞展示会　(2017年6月4日、ISTS)

十亀昭人(東海大学工学部建築学科准教授)
1970年生まれ。1995年東海大学大学院工学研究科修士課程修了。2000年東京工業大学大学院総合理工学研究科博士課程修了 博士(工学)。2002年より東海大学工学部建築学科専任講師。2005年より現職。2017年より宇宙航空研究開発機構(JAXA)システム研究員。

—

土谷純一
2014年より宇宙広報団体TELSTARでフリーマガジン、WEB記事の記者、編集デスクを担当。2016年に東海大学工学部航空宇宙学科を卒業。2017年現在、早稲田大学大学院政治学研究科ジャーナリズムコースに在学中。

—

企画協力 TNL
高橋鷹山(東海大)
堀井柊我(早稲田大)
笠松優貴(早稲田大)
平木雅(千葉大)
山田駿(東京都市大)
松浦颯(日本大)
竹下功佑(東京理科大)
稲坂まりな(早稲田大)
伊藤彰朗(東京大)
長谷川翔紀(東京工業大)
早乙女充(東京理科大)
野口信(東京理科大)

審査協力 難波和彦(建築家/東京大)- 第1回
大貫美鈴(スペースフロンティアファンデーション)- 第1,2回
高柳雄一(多摩六都科学館)- 第1回
寺薗淳也(会津大)- 第1,2回
川口淳一郎(JAXA)- 第2回
中村陽一(立教大)- 第2回

特別協力 山崎直子(宇宙飛行士)

宇宙建築賞 運営協力 旭化成ホームズ株式会社
宇宙建築の会
TELSTAR
伊東豊雄建築塾
月探査情報ステーション

審査会協力 佐々島暁(日本防災研究所)
高田大暉(小山町役場)

宇宙建築(うちゅうけんちく) Ⅰ 宇宙観光(うちゅうかんこう),木星(もくせい)の月(つき)

2017年11月20日 第1版第1刷発行

編著 十亀昭人
著 TNL
企画・構成 土谷純一
デザイン 李英華

発行者 橋本敏明
発行所 東海大学出版部
〒259-1292 神奈川県平塚市北金目 4-1-1
TEL 0463-58-7811 FAX 0463-58-7833
URL http://www.press.tokai.ac.jp/
振替 00100-5-46614
印 刷 港北出版印刷株式会社
製 本 誠製本株式会社

 ISBN978-4-486-02164-3